安徽省灾害性天气个例分析

中国气象局气象干部培训学院安徽分院　编

气象出版社
China Meteorological Press

内容简介

本书将发生在安徽的主要灾害性天气分为五类,即暴雨(包括梅雨锋暴雨、低涡暴雨、台风暴雨、低槽暴雨、暖切暴雨)、强对流(包括短时强降水、雷雨大风、高架雷暴、冰雹)、寒潮(包括暴雪、冻雨)、雾与霾(包括辐射雾、平流雾、锋面雾和雾霾)、高温,分别选取典型个例进行详细分析和总结,有助于读者了解典型天气的主要特点,掌握灾害性天气数据分析的基本方法,熟悉各类灾害性天气的共性和个性,抓住分析过程中的要点、要素和特征,提高预报业务水平。

图书在版编目(CIP)数据

安徽省灾害性天气个例分析 / 中国气象局气象干部培训学院安徽分院编. -- 北京 :气象出版社,2017.7
ISBN 978-7-5029-6572-3

Ⅰ.①安… Ⅱ.①中… Ⅲ.①灾害性天气-天气分析 -安徽 Ⅳ.①P468.254

中国版本图书馆 CIP 数据核字(2017)第 124792 号

Anhuisheng Zaihaixing Tianqi Geli Fenxi

安徽省灾害性天气个例分析

出版发行:气象出版社

地　　址:北京市海淀区中关村南大街 46 号　　　　邮政编码:100081

电　　话:010-68407112(总编室)　010-68408042(发行部)

网　　址:http://www.qxcbs.com　　　　E-mail: qxcbs@cma.gov.cn

责任编辑:郭健华　　　　终　审:张　斌

责任校对:王丽梅　　　　责任技编:赵相宁

封面设计:燕　彤

印　　刷:中国电影出版社印刷厂

开　　本:787 mm×1092 mm　1/16　　　　印　张:12.25

字　　数:310 千字

版　　次:2017 年 7 月第 1 版　　　　印　次:2017 年 7 月第 1 次印刷

定　　价:60.00 元

编 委 会

主　任：孙　钢

主　编：黄祚伟

副主编：吴晓娜　周彦均

编　委：（按姓氏笔画排序）

王东勇　卢逢刚　朱　珠　朱月佳　朱红芳

朱佳宁　朱鹏飞　刘远永　刘高平　江　杨

邱学兴　余金龙　柳　春　姚　晨　章　颖

谢亦峰

前　　言

　　安徽省地处中纬度地带,是季风气候最为明显的区域之一,淮河以北属温带半湿润季风气候,淮河以南属亚热带湿润季风气候。"春暖""夏炎""秋爽""冬寒"特征明显,春、秋季各约2个月,冬、夏季各4个月。

　　全省年降水量为700～1800 mm,有北少南多、平原少山区多的特点,其中淮北728～900 mm,江淮之间900～1265 mm,大别山区1300～1550 mm,沿江1080～1658 mm,江南1216～1868 mm。

　　由于安徽省气候的过渡型特征,南北冷暖气流交汇频繁,天气多变,旱涝频繁。淮北旱涝2～3年一遇,淮河以南3～4年一遇,具有"旱多于涝,涝重于旱"的特点。一年中旱涝交织也是本省旱涝的一个显著特点,1954年、1991年都出现前涝后旱,1999年则是明显的南涝北旱。2000年以来,淮河流域洪涝频繁,2003年、2007年发生了全流域的大洪水,与此同时,沿江江南降水连续10年偏少,北涝南旱分布居多。

　　强对流天气常给安徽省工农业生产带来巨大的经济损失,甚至造成人员伤亡,尤以农业损失更为严重,轻则减产,重则颗粒无收。如1981年5月的一次冰雹、龙卷天气从山东南部进入我省淮北后,经江淮东部消失在苏南。这次强对流天气所经之处天黑如墨,雷声震耳,风势凶猛,沿途树木或被拦腰折断,或被连根拔起,房屋倒塌无数;来安县有一位青年和一头水牛被大风卷起离地几米高,这次冰雹、龙卷天气使安徽省江淮东部损失惨重。再如,1972年4月18日,一天之内全省34个县市遭受冰雹、大风和暴雨袭击,冰雹大的像拳头,小的像鸡蛋、核桃、蚕豆,灾区人民的生命财产遭到严重损失;仅巢湖地区被毁坏房屋达120多万间,伤亡人数达2273人,其中死亡33人。由此可见,一场大的冰雹天气所造成的损失是相当惊人的。

　　依据安徽省的寒潮标准,全省各地的寒潮次数北多南少,合肥以北平均每年2～2.3次,皖南南部最少,年均1.4次;其他地区1～2次。一年之中,11月出现寒潮的概率最高,其次是12月和2月,10月和4月最少,但对农业危害最大。寒潮的年际变化很大,有些年份(比如20世纪60年代)一年可出现5次全省性寒潮,而有的年份仅有一次区域寒潮过程。

　　近年来安徽省雾和霾污染逐步加重,除了不利的气候条件,其人为原因主要是社会经济活动过程中产生的大气污染排放量过大。我省雾日分布具有南北多、中间少,山区多、平原少的特点。江淮之间大部地区年平均雾日只有3～10天,淮北、滁县地区和江南北部一般为10～20天,大别山区、皖南山区一般为15～30天。

　　全省年平均气温为14～17℃,有北低南高、山区低平原高的特点,其中淮北为15.0℃,江淮之间15.8℃,沿江16.3℃,江南15.7℃,大别山区15.6℃。历史上(1961年至今)安徽省日极端最高气温为43.3℃(霍山,1966年8月9日),日极端最低气温为-24.3℃(固镇,1969年2月6日)。

　　据统计,最近十几年安徽省因各类气象灾害造成的直接经济损失年平均超过了100亿元。

其中,暴雨洪涝灾害损失占 61%,旱灾损失占 20%,给农业生产和人民生命财产造成很大伤害。

　　根据国务院批准的《全国中小河流治理和病险水库除险加固、山洪地质灾害防御和综合治理总体规划》要求、中国气象局《山洪地质灾害防治气象保障工程建设指导方案》总体建设目标,为推进山洪项目建设,加快相应的培训体系建设,中国气象局气象干部培训学院安徽分院承担了山洪项目中的相关培训任务,必须加强对预报员专业技术的培训,进而进一步提高省级山洪项目管理能力和基层业务人员的技术水平。

　　为满足预报员相关业务技术培训的需求,使本省的预报员在预报员业务培训中对于灾害性天气有深入细致的了解,安徽分院组织安徽省气象台骨干业务人员编写了这本《安徽省灾害性天气个例分析》。第一章对暴雨个例进行分析,包括梅雨锋暴雨、低涡暴雨、台风暴雨、低槽暴雨、暖切暴雨。第二章对强对流个例进行分析,包括短时强降水、雷雨大风、高架雷暴、冰雹。第三章是寒潮天气个例分析,分别选取了 4 个暴雪个例、2 个冻雨个例进行分析,按照不同的天气系统分类,着重对暴雪、冻雨的成因及各自特点进行分析。第四章对雾与霾个例进行分析,包括辐射雾、平流雾、锋面雾、雾和霾。第五章是高温天气个例分析,选取了 5 个高温个例进行分析。本书最后是安徽省近十年来灾害性天气的附表,包括安徽省近十年暴雨、雷雨大风、高架雷暴、冰雹、暴雪、大雾、高温个例。通过个例分析,学员可以迅速了解典型天气的主要特点,掌握灾害性天气数据分析的基本方法,熟悉各类灾害性天气的共性和个性,抓住分析过程中的要点、要素和特征,提高预报业务水平。

　　本书的编写是在安徽省气象台相关业务人员的参与和大力支持下完成的,同时得到了有关领导的精心指导,凝聚了众多的智慧。在此,我们向参与本书编写工作付出辛勤劳动的单位和有关人员表示诚挚的谢意!

　　由于时间匆忙,难免有不足之处,敬请读者批评指正。

编委会
2017 年 5 月

目　　录

第 1 章　暴雨

概　述

暴雨,是安徽省主要灾害性天气之一,长时间暴雨极易形成洪涝灾害。中国气象局规定,24 小时降水量达 50.0～99.9 mm 为暴雨,100.0～249.9 mm 为大暴雨,250 mm 以上为特大暴雨。

1. 气候特征

根据 30 年(1971—2000 年)暴雨气候整编资料统计,安徽各站平均年暴雨日数为 4 天,其中暴雨日平均为 3.4 天、大暴雨日为 0.6 天。山区和丘陵地区暴雨较多,而平原地区相对较少,其中黄山最多,为 9.3 天,涡阳最少,为 2.6 天。暴雨日数分布基本呈南多北少的特征:沿淮淮北、江淮之间北部、沿江东部地区多为 3 天;沿江西部、皖南山区为 6～7 天;其他地区为 4～5 天。各台站的年最多暴雨日数和年最少暴雨日数相差较大,为常年平均暴雨日数的 2～3 倍,甚至更多,充分反映了暴雨日数的年际变化大。年暴雨日数最多的年份主要有 1972 年、1983 年、1991 年、1999 年,这些年份安徽均为大涝年;而年暴雨日数最少年份可以全年没有暴雨,这些年份安徽均为大旱年。这从另一个侧面反映了暴雨对我省旱涝的重要影响。

安徽各月都有可能出现暴雨,但是暴雨主要集中在 5—8 月,尤以 6—7 月最多。超过 50% 以上的暴雨出现在 6—7 月,近 80% 的暴雨出现在 5—8 月。大暴雨分布规律与暴雨基本类似,特大暴雨仅在夏季(6—8 月)出现。安徽暴雨主体上从皖南开始,逐渐向淮北延伸,表现出明显的由南向北扩大的季节性变化特征。安徽日降水量极值大多在 200 mm 以上,其中大别山区、江南西部山区降水量极值最大,为 250～300 mm,最少的为江淮之间中部,为 200～250 mm。

2. 环流形势

(1)梅雨锋暴雨。500 hPa 图上,欧亚中高纬度地区多阻塞高压或切断冷涡盘踞;低纬度副热带高压呈带状分布,脊线稳定在 20°～26°N 附近;中纬度环流平直,多小槽东移,江淮流域上空受偏西气流控制,或为西西北、西西南气流汇合处。700 hPa 或 850 hPa 图上,多江淮切变线(低涡),地面多准静止锋(弱气旋)活动。

(2)暖式切变线暴雨。500 hPa 图上,我国西部高原为一宽广低压区,华东沿海至东北一带为一暖性高压脊,淮河流域处于暖区控制下,受西西南气流影响。700 hPa 或 850 hPa 图上,长江以南有一支西南强风区或强风带,将南海一带丰沛水汽送达 30°N 以北,江淮流域有暖式切变线新生或北抬,伴有暴雨系统新生或发展,雨区迅速北扩而突发大到特大暴雨。此类大暴雨多发生在 6 月前后,新生暴雨中心往往位于前一天或 12 小时前雨区北缘及其以北地区,暴雨强度大、突发性、夜发性强。

(3)低涡暴雨。低涡主要有以下三种。一是西南涡东移。四川盆地附近由于高空低槽和地形等作用形成的西南涡沿着引导气流或低空切变线向偏东方向移动进入江淮地区,形成江淮地区低涡,造成大范围暴雨天气。二是切变线上生成低涡。这类低涡在准静止切变线上比较多见,在梅雨锋中常常可以观测到一个一个低涡生成并沿着梅雨锋东移。在准静止切变线上存在强烈的辐合,水平和垂直方向存在风切变,根据涡度方程,切变线附近有利于垂直涡度发展,利于低涡生成。三是暖式切变线的东端,由于高层低槽东移逼近,经常会有低涡生成。东移低槽南段切断形成低涡。在 700 hPa 或 850 hPa 上有低槽东移,北段移动速度较快,南段移动速度较慢并逐渐形成切变线,同时位于 500 hPa 低槽前部,有正涡度平流,低槽南段逐渐发展成低涡。

(4)台风暴雨。台风暴雨主要有两类。一是登陆后的台风(或台风低压)主体经过我省或位于相邻省份,台风环流本身是暴雨区,包括眼壁暴雨、内外螺旋雨带降水、台风倒槽内的暴雨、台风内切变暴雨及台前飑线雨。对于我省需特别关注台风在地形、冷空气作用下产生暴雨和大暴雨天气,我省山区对降水增幅作用明显,加上冷空气配合,容易产生极端强降水。二是远距离台风暴雨,暴雨区位于台风范围之外,台风中心距离我省较远(一般在 1000 km 以外),一般位于近海。台风在有利的大气环流背景下与中纬度系统(包括西风槽、东北冷涡、西南涡、弱冷空气和高低空急流)相互作用可使得中纬度地区的暴雨突然增幅,且影响范围大、持续时间较长。

除了上述四类暴雨天气形势外,有时候低槽南下过程中,速度减慢,也会在槽前产生大范围暴雨天气。在有利的环境背景条件下,副热带高压边缘或内部有时也可产生较大面积的对流性暴雨天气。另外在某个暴雨过程中,上述几类暴雨形势可能共同影响,综合作用造成暴雨天气。

3. 预报着眼点

暴雨预报总体思路为:以数值天气预报产品为基础,以数值预报产品的解释应用为辅助,结合天气预报员的预报经验,根据发生暴雨的条件,综合制作暴雨预报。一般认为,产生暴雨必须具备三大条件:充沛的水汽条件,强烈的上升运动,较长的持续时间。另外,必须考虑其他一些影响因子,如地形、降水的日变化、不稳定能量等。地形的抬升作用也是产生暴雨或大暴雨的重要条件之一,地形动力和热力作用对暴雨发生都有重要影响。资料统计表明,我省大别山区和皖南山区在同样的降水条件下,产生暴雨的概率要高于其他地区,所以我省预报员在做降水预报时,常把山区的降水预报量在平原地区基础上提高 1~2 个等级。暴雨发生还具有一定的日变化,根据预报员经验,在相同的条件下,夜里,特别是凌晨,更容易产生暴雨。假相当位温大值区代表高能量区,根据相关统计,暴雨容易出现在假相当位温梯度较大的区域,即能量锋区附近。

1.1 2009 年 6 月 28—30 日 梅雨锋暴雨

1.1.1 降水实况分析

2009 年 6 月 28—30 日,我省淮河以南出现连续性暴雨、大暴雨,具有降水区域集中、强度大的特点。强降水从 28 日下午开始,一直维持较强的降水强度,至 30 日下午逐渐减弱南压结束。28 日,降水位于沿淮到沿江,大部分地区出现大雨到暴雨(图 1-1-1a)。29 日,强降水位于合肥以南到沿江地区(图 1-1-1b)。30 日,雨带南压至江南,大别山区和沿江江南大部分地区出现暴雨(图 1-1-1c)。此次降水过程,暴雨发生在六安、合肥、安庆、池州、铜陵、芜湖、马鞍山、宣城和黄山等地。

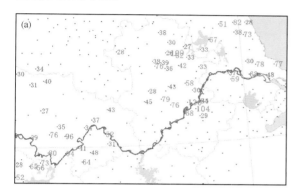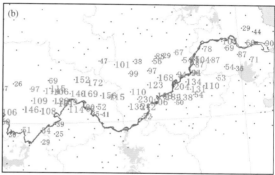

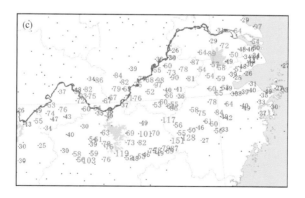

图 1-1-1 24 h 降水量≥25 mm 的站点分布(单位:mm)

(a)2009 年 6 月 28 日 08 时—29 日 08 时;(b)2009 年 6 月 29 日 08 时—30 日 08 时;(c)2009 年 6 月 30 日 08 时—7 月 1 日 08 时

1.1.2 天气形势和云图分析

图 1-1-2 中,中高纬地区呈两槽两脊分布,东北低涡位于内蒙古东北部(45°N,120°E)附近,涡内低槽南伸至 30°N 一带,新疆西侧为一低槽,两脊分别位于内蒙古西部和日本,日本高压脊北部为一阻塞高压。6 月 28 日,西太平洋副热带高压(以下简称副高)加强北抬,副高脊线位于 20°N 附近,584 dagpm 线北抬到长江流域,北部冷涡位于蒙古东部,冷暖空气交汇于江淮地区,江淮地区形成稳定雨带。6 月 28—29 日,环流形势稳定,6 月 30 日,584 dagpm 线略

南压,7月1日继续南压,雨带移出安徽。在28日850 hPa(图1-1-3)上,低槽位于安徽境内,受其影响,28日,安徽中东部出现对流性降水,降水分布不均,夜里起位于湖南的暖切加强东伸到江淮地区,西南气流加大,强降水发生区域出现了较强的低空急流和风速辐合,低空急流提供了源源不断的水汽输送,而强水平风切变促使水汽快速集中。

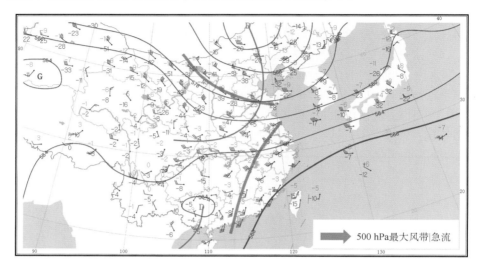

图1-1-2 2009年6月28日20时500 hPa形势场(棕线为等位势高度线)

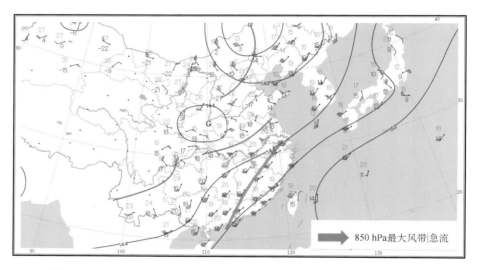

图1-1-3 2009年6月28日20时850 hPa形势场(棕线为等位势高度线)

高低空系统配合图(图1-1-4)显示,江淮之间有准静止锋切变线南北摆动,华南、江南850 hPa有西南急流,与700 hPa急流近于重合,从河西走廊到黄河下游有高空急流,同时200 hPa在长江中下游高空分流区,中低层有湿轴维持,水汽充沛。暴雨出现在江淮切变线附近,低空急流出口区左侧,高空急流以南,高层分流区附近以及低层高湿区内。

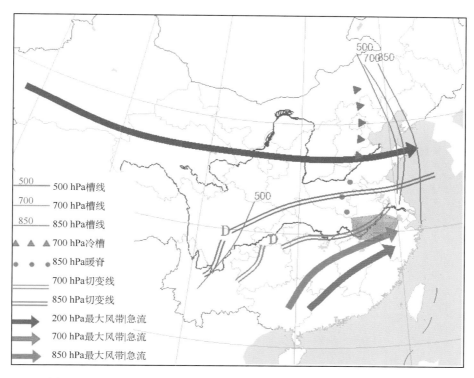

图 1-1-4 2009 年 6 月 29 日 08 时中尺度分析(蓝色阴影表示安徽暴雨区)

图例:
- 500 —— 500 hPa槽线
- 700 —— 700 hPa槽线
- 850 —— 850 hPa槽线
- ▲▲▲ 700 hPa冷槽
- ●●● 850 hPa暖脊
- === 700 hPa切变线
- === 850 hPa切变线
- ➡ 200 hPa最大风带|急流
- ➡ 700 hPa最大风带|急流
- ➡ 850 hPa最大风带|急流

从图 1-1-5 可见,中低层湿度大值区位于长江中下游地区,从西向东、从南向北形成了西南—东北走向的高湿带,在降水落区,700 hPa 的比湿为 9～10 g/kg,850 hPa 的比湿 15～16 g/kg,达到了我省发生暴雨时 850 hPa 的平均比湿条件(12 g/kg)。此次降水过程,在我省沿淮地区和淮河南部地区中低层同时具备好的动力条件和水汽条件。

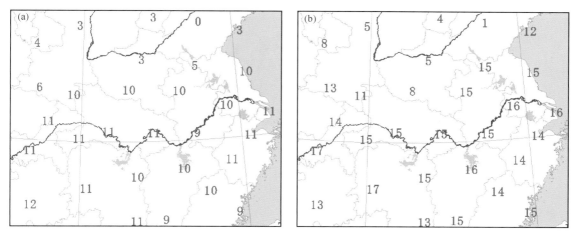

图 1-1-5 2009 年 6 月 28 日 20 时 700 hPa(a)和 850 hPa(b)比湿(单位:g/kg)

卫星云图*显示,6 月 28 日,蒙古国东部到我国东北地区有低涡云系,后部为干冷空气无

---

* 本书中卫星云图时间均为北京时。

云区,朝鲜半岛经华北到秦岭为一东北—西南向边界光滑的冷锋云系,其前方不断激发出中尺度对流云团,28日午后到傍晚有对流云团在安徽东部发展(图1-1-6),导致安徽中东部部分地区出现暴雨,但雨量分布不均。

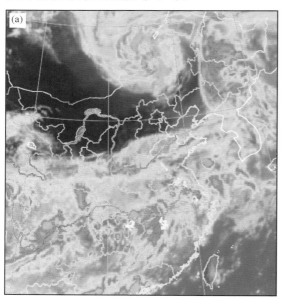
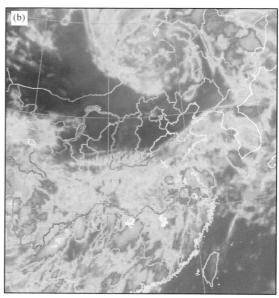

图1-1-6 2009年6月28日13:30(a)和19:00(b)FY-2C卫星云图

28日夜里起,冷锋云带上长江中下游地区有一系列中尺度对流云团发展,并不断东移(图1-1-7a)。29日白天,由于切变线加强和低空急流略向北发展,云图上表现出冷锋云带上的对流云团向北发展,29日15时左右在湖北出现波动(图1-1-7b)。29日夜里到30日白天,云带最窄,由对流云组成的宽约2个纬度的狭长云带位于江淮之间南部到江南北部上空,并停滞少动,降水强而集中,造成较大范围100 mm以上强降水,30日20时后才逐渐南压到沿江江南。

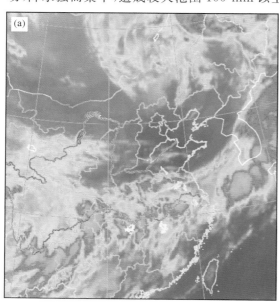
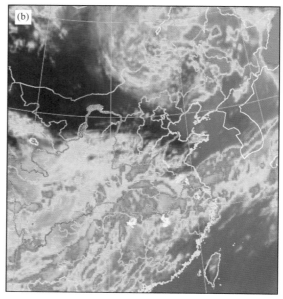

图1-1-7 2009年6月29日06:30(a)和15:30(b)FY-2C卫星云图

1.1.3 探空分析

对流有效位能(CAPE)是指气块在给定的环境中绝热上升时的正浮力所产生的能量的垂直积分。从单站探空物理量场(图 1-1-8)上看：29 日 20 时，安庆的 CAPE 为 868 J/kg，南京的

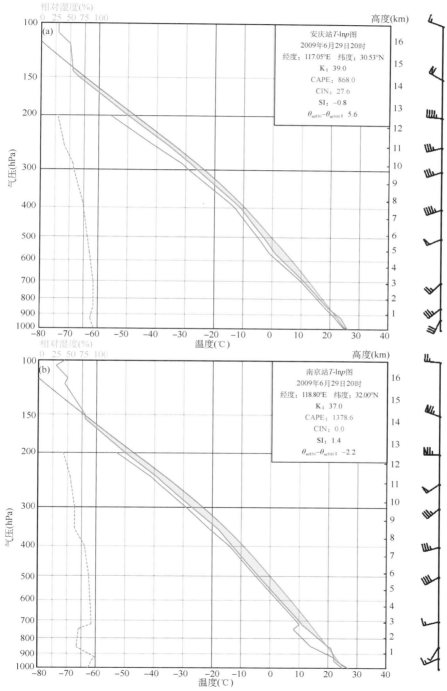

图 1-1-8　2009 年 6 月 29 日 20 时安庆站(a)和南京站(b)探空图

CAPE 为 1378 J/kg,大气存储较大的不稳定能量,有利于出现对流性降水,雨强加强,有利于暴雨发生。至 30 日 20 时,CAPE 值都较小,不稳定能量释放,降水趋于结束。

1.1.4　物理量诊断分析

700 hPa 涡度显示强降水发生期间,我省上空为正涡度区,尤其是大的涡度值与强降水比较一致(图 1-1-9)。说明这次强降水有比较好的动力条件相配合。

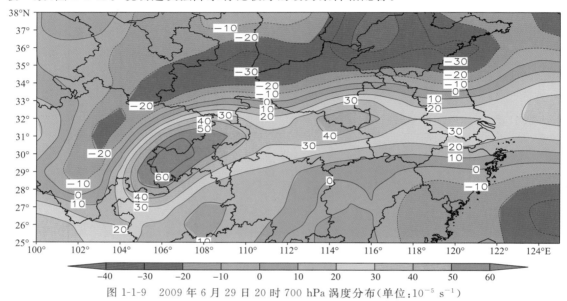

图 1-1-9　2009 年 6 月 29 日 20 时 700 hPa 涡度分布(单位:10^{-5} s^{-1})

1.1.5　小结

通过以上分析,此次暴雨过程的产生原因为:

(1)有利的环流背景。江淮之间有准静止锋切变线南北摆动,华南、江南 850 hPa 有西南急流,与 700 hPa 急流近于重合,从河西走廊到黄河下游有高空急流,同时 200 hPa 在长江中下游有风的分流。暴雨出现在江淮切变线附近,低空急流出口区左侧,高空急流以南,高层分流区附近以及低层高湿区内。

(2)梅雨锋南面的西南风形成了低空急流,强降水发生区域出现了较强的低空急流和风速辐合,低空急流提供了源源不断的水汽输送,强水平风切变促使水汽快速集中。

1.2　2012 年 6 月 26—28 日　梅雨锋暴雨

1.2.1　降水实况分析

此次降水过程的特点是降水强度较大,时间较长,降水集中,雨带从南向北推移(图 1-2-1)。2012 年 6 月 25 日 08 时—26 日 08 时,降水主要发生在沿江江南,最大降水量在太湖,为 64 mm,26 日 08 时—27 日 08 时,雨带明显北移,最大降水区从安徽西南部移至沿江江南一带,降水量也明显增大,最大为 167 mm,另外沿淮出现了大于 25 mm 的降水区域。27 日 08 时—28 日 08

时,整个雨带降水强度减小,最大降水区域为江淮之间。28 日 08 时—29 日 08 时,雨带减弱,其中淮北和江南地区的降水量较大。

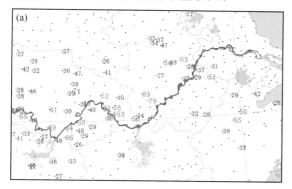

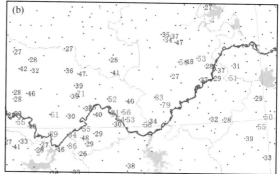

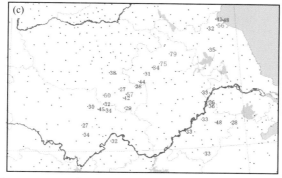

图 1-2-1　24 h 降水量≥25 mm 的站点分布(单位:mm)

(a)2012 年 6 月 26 日 08 时—27 日 08 时;(b)2012 年 6 月 27 日 08 时—28 日 08 时;(c)2012 年 6 月 28 日 08 时—29 日 08 时

1.2.2　天气形势和云图分析

此次降水过程是高低空与中纬度系统共同配合的结果,暴雨发生在东高西低的环流形势下,低涡、切变线、低空急流和地面梅雨锋为此次过程的主要影响天气系统。贝加尔湖高空冷涡发展成熟的有利大尺度环流背景,低层冷暖切变线和地面准静止锋是造成暴雨的主要系统,单站暴雨受大尺度系统影响外,在不稳定大气层结条件下,中小尺度系统是造成暴雨的主要影响系统。水汽辐合中心与强降水落区有较好的对应关系,但是个别单站暴雨落区亦有一定偏差。此过程从对流性暴雨开始,随着冷涡后部冷空气侵入和低空急流建立,暴雨影响区域扩展到我国中东部地区,降水量级增大,持续时间延长。如图 1-2-2 所示,500 hPa 高度场的584 dagpm 线从 26 日开始一直北抬,雨带随之北抬。26 日 20 时,850 hPa 低涡与 500 hPa 低压中心在四川盆地接近重合,850 hPa 切变线位于我省沿江地区,27 日切变线略微北抬至沿淮地区,28 日 08 时切变线又南退至沿江地区,至 20 时,北抬至淮北地区,切变线的南北摆动使雨带也随之南北移动。

有北支槽或冷涡活动,并有明显的冷温度槽或降温区配合,长江以南有暖平流(图 1-2-3)。南支槽前的西南气流有利于水汽输送。低空江淮之间的切变线以南有接近重合的 850 hPa 和700 hPa 的西南风急流。在 200 hPa 上,从河西走廊经河套地区到达长江下游地区,有偏西风急流,27 日在长江中下游地区高层有分流区,辐散较强。通过中尺度分析得出:高空低槽东移及中层切变线形成配合物理量特征促发了暴雨垂直环流的发展;强盛的西南急流给暴雨提供了源源不断的水汽;长波槽缓慢东移与中低层切变的稳定维持,为降水的持续提供了充足的时间。高低空配置可以大致确定暴雨落区的范围,暴雨出现在切变线附近,低空急流出口区左侧,高空的分流区附近,高空急流的右侧,以及高湿区北侧湿度梯度大值区内。

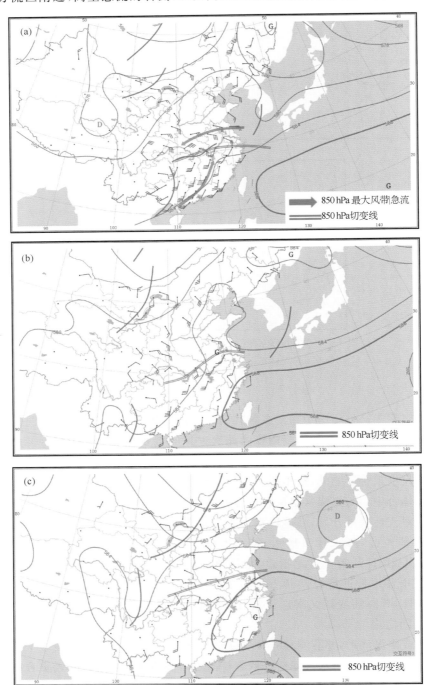

图 1-2-2 2012 年 6 月 26 日(a)、27 日(b)、28 日(c)20 时 500 hPa 高度场和 850 hPa 风场

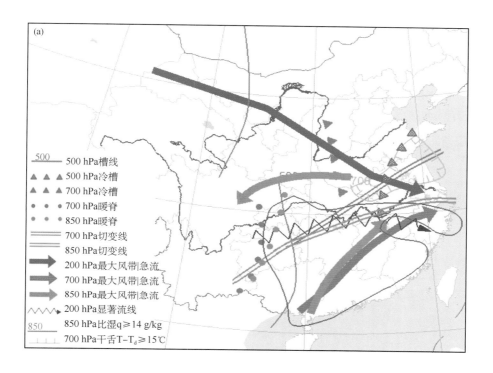

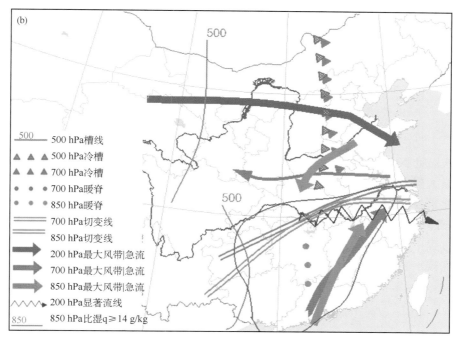

图 1-2-3　2012 年 6 月 26 日（a）、27 日（b）08 时中尺度分析

从卫星云图(图1-2-4)上看,26日08时,我省上空多为中高云系覆盖,此时全省大部分地区天气以多云到阴为主,有降水的地区雨量亦不大,但安徽省南部—西南部有一条清晰的降雨云带维持;26日20时,大别山区及江南南部上空对流云团北移,有对流性降水发生,降水量大;27日08时,降水大值区随云带北抬,主要位于江淮之间及沿江大部地区;27日20时,我省江淮之间南部及沿江江南均有对流云团覆盖,故降水大值区扩大,上述地区均有较强降水发生并可伴有一定的对流性天气;28日08时,南部上空的云系减少,故该时次开始降水渐止转多云,局部仍有降水,但量级较小。

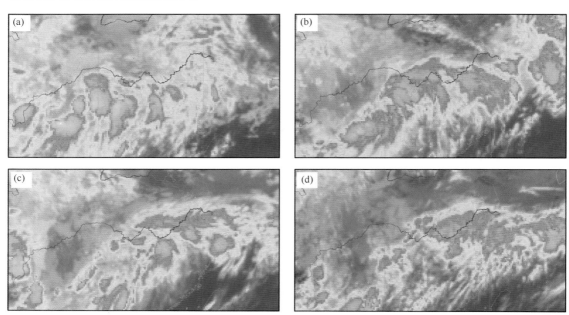

图 1-2-4 FY-2E 卫星云图

(a)2012 年 6 月 26 日 08 时;(b)2012 年 6 月 27 日 20 时;(c)2012 年 6 月 28 日 08 时;(d)2012 年 6 月 28 日 20 时

1.2.3 探空分析

从安庆站的探空(图1-2-5)和物理量场上可以看出,CAPE 值在 26 日 08 时较小,27 日安庆站的值增大到 1000 J/kg 以上,有较大不稳定能量储存,说明此次降水过程中,安徽南部对流不稳定能量较大,大气层结不稳定。从风随高度的变化看,安庆站在 27 日 20 时 850 hPa 为 12 m/s 的西南风,到了 500 hPa 则转为偏北风,中低层风随高度顺转,存在较强的垂直风切变。整个过程中,在 500 hPa 以下,温度露点差均较小,中低层湿度条件较好,28 日 400 hPa 以上高空温度露点差大于 5℃,高层变干。而南京、阜阳站探空物理量场则表现为对流不稳定能量略小,尤其是阜阳,CAPE 值在此次过程中均较小。

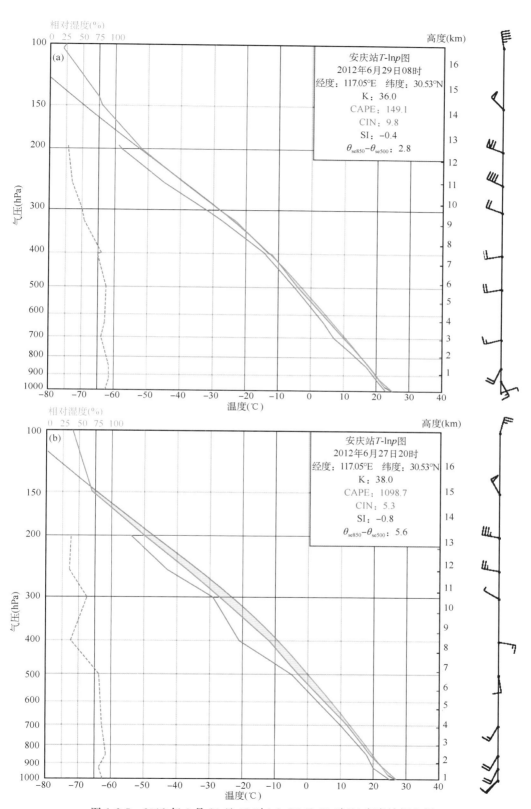

图 1-2-5　2012 年 6 月 26 日 08 时（a）、27 日 20 时（b）安庆站探空图

如图 1-2-6 所示,26 日,我省沿江江南地区 K 指数较大,达到了 35℃以上,江北地区 K 指数较小。27 日,淮北地区 K 指数较小,全省其他地区 K 指数均大于 35℃,大气层结不稳定。到 28 日,全省 K 指数均大于 38℃。K 指数的大值区从 27 日由南向北推移。

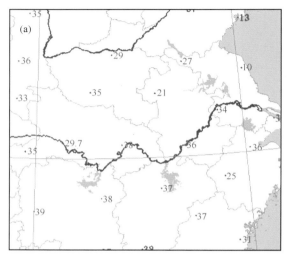
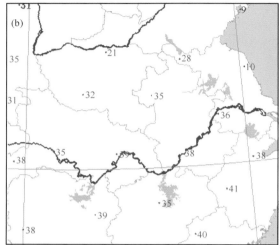
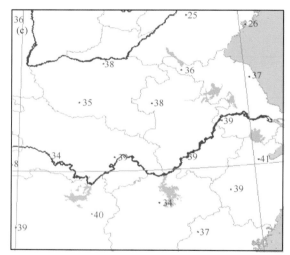

图 1-2-6　2012 年 6 月 26 日(a)、27 日(b)、28 日(c)K 指数在 20 时的分布(单位:℃)

1.2.4　小结

通过以上分析可知,此次暴雨过程发生在有利的天气背景条件下,暴雨形成的原因有以下几点:

(1)贝加尔湖高空冷涡发展成熟的有利大尺度环流背景,低层冷暖切变线和地面准静止锋是造成暴雨的主要系统。

(2)单站暴雨受大尺度系统影响外,不稳定能量的释放和中小尺度系统的发展是主要原因。

(3)长波槽缓慢东移与中低层切变的稳定维持,为降水的持续提供了充足的时间。高低空配置可以大致确定暴雨落区的范围,暴雨出现在切变线附近,低空急流出口区左侧,高空的分流区附近,高空急流的右侧,以及高湿区北侧湿度梯度大值区内。

1.3 2010 年 6 月 8—9 日 低涡暴雨

1.3.1 降水实况分析

2010 年 6 月 8 日 08 时—9 日 08 时,在安徽省江南北部和江北大部分地区出现大范围暴雨。其中 8 日白天强降水位于大别山区、江淮南部和江南北部。8 日夜里至 9 日上午,强降水带北抬到沿淮淮河以北和江淮东部。从降水量较大的蒙城站(8 日 20 时至次日 08 时,12 h 降水量为 60 mm)来看,降雨持续了 12 h,1 h 最大降水量小于 11 mm,最小降水量不足 2 mm。所以这次降水的主要特点是范围大、雨强不强,但持续时间长(图 1-3-1)。

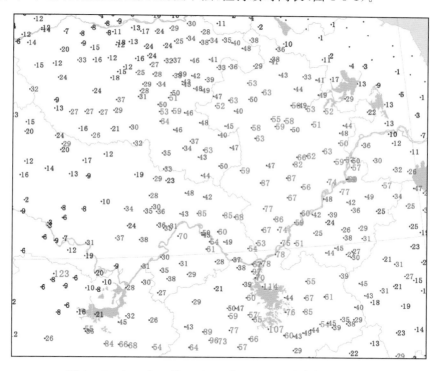

图 1-3-1 2010 年 6 月 8 日 08 时—9 日 08 时降水量分布图

1.3.2 天气形势分析

(1)低层辐合高层辐散的有利配置。在地面,7 日夜里有倒槽从湖北、江西向安徽发展,直到 10 日后期消失,期间有闭合的低压中心自西南向东北移经我省。同时 850 hPa 出现气旋,8 日 08 时气旋位于湖北东部,随后缓慢东移,同样 700 hPa 也存在气旋。相应地,500 hPa 河套到四川盆地则有一低槽东移,东北到华东沿海维持高压脊。而 200 hPa,8 日在安徽上空存在明显的辐散结构(图 1-3-2)。这次低层的气旋结构有利于辐合抬升,而高层的辐散则起到抽吸的作用,进一步加强了低层的辐合。这种高低空的有利配置使水汽不断抽吸到空中凝结产生暴雨。

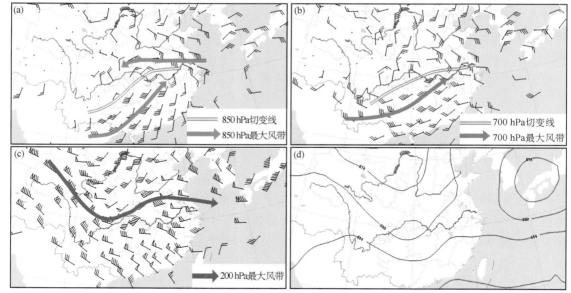

图 1-3-2 2010 年 6 月 8 日 08 时 850 hPa(a)、700 hPa(b)、200 hPa(c)风场和 500 hPa(d)高度场

（2）两支低空急流有利于水汽输送和水汽累积。如图 1-3-3 所示,8 日 08 时,在广西、湖南到江西有一支风速达到 16 m/s 的低空西南急流,其左侧出口位于安徽沿江西部,同时在安徽的沿淮也存在一支风速达到 16 m/s 的东风急流。20 时,东风急流略向淮北推进,并且急流核的风速显著增强,达到 20 m/s,西南急流向东移动;9 日 08 时,西南急流继续东移,而东风急流则进一步向北推进到淮北北部和山东南部,并且在西南急流上和其出口处以及东风急流上有大的水汽通量辐合中心。对比强降水发生位置和两支急流的配置,8 日白天,暴雨出现在低空西南急流轴左前侧和东风急流轴的左侧,8 日夜里,东风急流北抬后,强降水也北抬到淮北,并且仍然位于东风急流轴的左侧,说明这次大范围暴雨中低空急流起到了三个重要的作用:输送了大量的水汽;急流轴左前侧的辐合有利于水汽抬升凝结;东风急流阻挡了西南水汽的输送,使得水汽在东风急流轴的左侧累积,可见这次的两支急流对水汽输送和水汽累积起到了非常重要的作用。

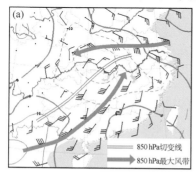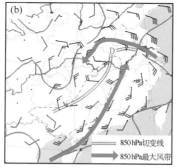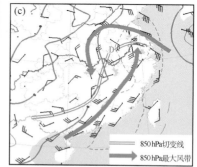

图 1-3-3 2010 年 6 月 8 日 08 时(a)、8 日 20 时(b)、9 日 08 时(c)850 hPa 水汽通量散度场和风场

（3）高压阻挡使系统移动缓慢。8—9 日,850 hPa 上存在东北闭合高压（图 1-3-4）,该高压较为深厚,从地面一直伸展到 300 hPa 以上,高压始终在气旋的前侧稳定维持,气旋在东移的过程中,由于高压阻挡,气旋移动非常缓慢,这是降水长时间维持且强度没有减弱的原因。因此高压阻挡是这次大范围暴雨的重要原因之一。

图 1-3-4 2010 年 6 月 8 日 20 时 850 hPa 高度场和风场

1.3.3 不稳定条件

大气层结的位势稳定不利于强对流发展。

沿暴雨区中心位置上两点(29.86°N,116.152°E)和(34.628°N,117.021°E)的连线作假相当位温 θ_{se} 的垂直剖面(图 1-3-5),从图中可以看出,8 日 08 时至 9 日 08 时,暴雨区上空的大气层结基本为位势稳定的,但是在暴雨发生区域 θ_{se} 在 850 hPa 和 500 hPa 上基本在 64℃之上。陶诗言等(2008)指出:位势稳定度指标并不关键,暴雨可能出现在 $\theta_{se500}-\theta_{se850}$ 的负值区或正值区,前者称作不稳定型大雨,后者称作稳定性大雨。而 θ_{se500}、θ_{se850} 同时达到 64℃以上是个临界条件。因此,暴雨区上空的这种高温、高湿的大气有利于暴雨的产生。以 8 日 20 时为例,暴雨上空 θ_{se} 随高度的升高而增大,这表明大气层结基本为位势稳定的。仅在近地层以及 800～700 hPa 略有位势不稳定。而且在 850 hPa 以上,在 31.5°N 以南的地区 θ_{se} 均大于 64℃,有利于暴雨的产生。

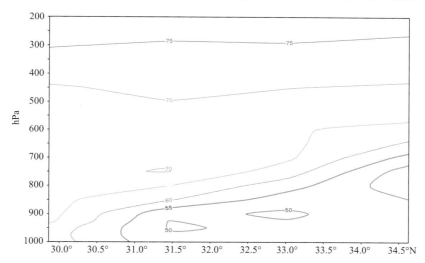

图 1-3-5 2010 年 6 月 8 日 20 时假相当位温 θ_{se} 沿(29.86°N,116.152°E)和(34.628°N,117.021°E)两点的垂直剖面图(单位:℃)

分析 8 日 08 时到 9 日 08 时阜阳站和安庆站的 K 指数、沙氏指数和 CAPE(图略),发现沙氏指数很大,最大值为 9.29℃,最小值为 0.8℃。而 CAPE 值很小,基本为 0。但是这两个站点的 K 指数却比较大,最大值可至 35℃,最小值为 23℃,平均值为 26.8℃,明显大于 6 月上旬的平均值 23℃。这表明暴雨区上空的大气温湿条件较好,但大气层结近中性。因此在这种大气层结条件下,虽然不利于强对流的发展,却满足暴雨发生的湿度条件和温度条件。

1.3.4　云图分析

如图 1-3-6 所示,6 月 8 日 08 时在江淮之间西部有一云团云顶亮温比较低,但由于大气层结比较稳定,并没有发生对流活动,而且该云团云顶亮温在白天逐渐升高,云团消散。

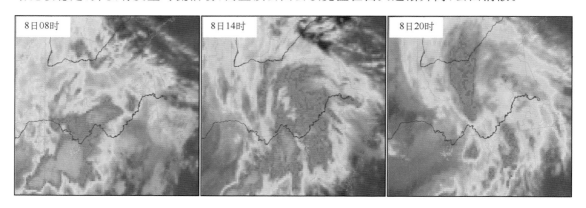

图 1-3-6　2010 年 6 月 8 日 08—20 时卫星云图

1.3.5　小结

这次暴雨过程中两支急流起到了重要的作用:西南急流和东风急流给暴雨区上空输送了大量的水汽,并有利于水汽的积累。尤其是东风急流,除了水汽累积这一重要角色外,其急流轴上的正涡度平流,有利于气旋系统的维持,并且正涡度平流又使得气旋系统向高压靠近,两者间位势高度梯度加大,反过来又促使东风急流进一步加大,形成正反馈机制。

这次暴雨的另一个特征是降水少动,持续时间长。其原因是:除了东风急流上的正涡度平流使得气旋系统长时间维持外,还有一个主要原因是深厚高压的阻挡,使得气旋移动缓慢,降水少动。

通过对环境参数的分析表明,此次暴雨区上空为高温、高湿的大气,温湿条件较好,但大气层结近中性。在这种大气层结条件下不利于强对流的发展,但却满足暴雨产生的温湿条件。

1.4　2013 年 5 月 25—26 日　低涡暴雨

1.4.1　降水实况分析

2013 年 5 月 25 日 20 时到 26 日 20 时,安徽省沿淮淮北、合肥地区和大别山区部分区域出现暴雨,其中共有 69 个区域自动站超过 100 mm,396 个区域自动站为 50～100 mm(图 1-4-1、图 1-4-2)。

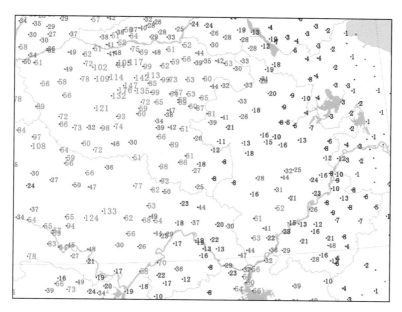

图 1-4-1　2013 年 5 月 25 日 08 时—26 日 08 时雨量

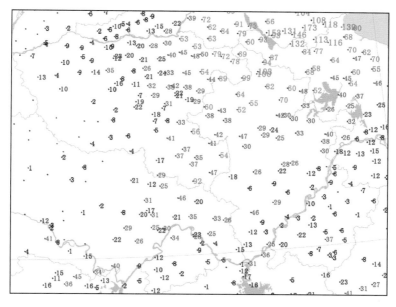

图 1-4-2　2013 年 5 月 26 日 08 时—27 日 08 时雨量

1.4.2　天气形势分析

5 月 25 日 20 时,500 hPa 高空从内蒙古到陕西到四川东部一线维持一低槽,我省处于槽前强盛的西南气流中;低层 850 hPa 上有低涡发展东移;低涡处于 500 hPa 槽前,中心位于重庆一带,受槽前正涡度平流影响,西南涡发展加强,并在槽前西南气流引导下向东移动;高层 200 hPa 在我省上空为分流辐散区(图 1-4-3)。

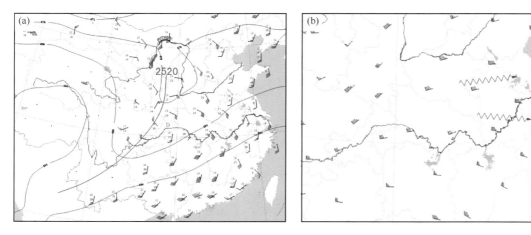

图 1-4-3　2013 年 5 月 25 日 20 时 500 hPa 槽和 850 hPa 低涡位置（a）及 200 hPa
分流区位置（b）（〜〜〜表示分流区）

1.4.3　中尺度分析（图 1-4-4）

湿度条件：850 hPa 我省大部分地区比湿≥10 g/kg，700 hPa 我省中西部大部分区域比湿≥8 g/kg。

不稳定层结条件：我省东部 850 hPa 与 500 hPa 温差≥25℃，中西部 850 hPa 与 500 hPa 温差大约为 24℃，我省周边阜阳、安庆及南京三站探空图显示 K 指数均大于 30℃，层结相对不稳定。

抬升条件：低涡中心位于重庆东北部；850 hPa 我省大别山区处于西南气流和东南气流辐合区，700 hPa 为南风急流；江西北部存在一条东西向的切变线。

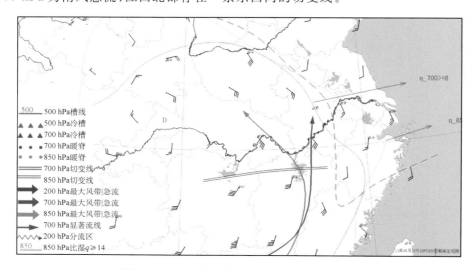

图 1-4-4　2013 年 5 月 25 日 20 时中尺度分析

1.4.4　低涡路径

由图 1-4-5 可以看出，低涡中心从 850 hPa 到 700 hPa 略往北倾斜，较大的降水主要出现在 500 hPa 槽前，700 hPa 低涡中心附近及 850 hPa 低涡中心附近的中北部区域及低涡移向的右前方区域。一方面，低涡处于 500 hPa 槽前的正涡度平流区，使得低涡强度加强；另一方面，低涡受槽前西南气流引导向东偏北方向移动。

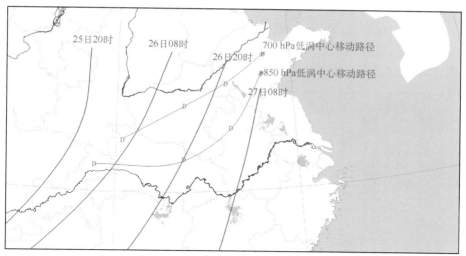

图 1-4-5　2013 年 5 月 25 日 20 时—27 日 08 时 500 hPa 槽线动向和 700 hPa、850 hPa 低涡中心动向

1.4.5　物理量诊断分析

由图 1-4-6 可以看出，850 hPa 水汽通量散度，我省均处于负值区，水汽在我省范围内有辐合。200 hPa 全省均处于正散度区，以阜阳、亳州、淮北及砀山一带正散度值最大；850 hPa 全省均处于负散度区，也以阜阳、亳州、淮北和砀山一带负散度值最大。垂直速度剖面图显示我省自南向北均为上升运动，合肥上空垂直速度在 500 hPa 达到一个最大值。

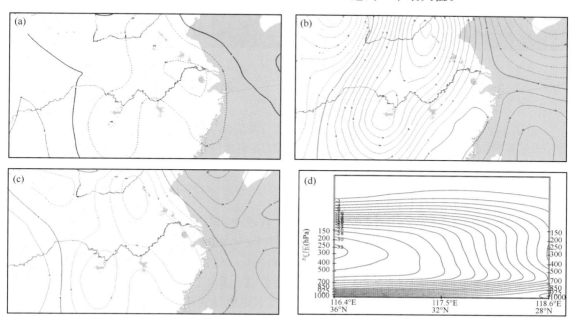

图 1-4-6　2013 年 5 月 26 日 08 时 850 hPa 水汽通量散度(a)、200 hPa 散度(b)、
850 hPa 散度(c)和垂直速度剖面图(d)

1.4.6 云图分析

从图 1-4-7 可知,25 日 20 时,在河南、湖北西部有大范围的对流云团,该对流云团逐渐东移发展影响安徽,26 日,安徽整个江北地区都受该对流云团的影响,26 日白天,该对流云团逐渐东移减弱。该对流云团的移向、范围与低层低涡移向、范围基本一致,与强降水范围也是一致的。

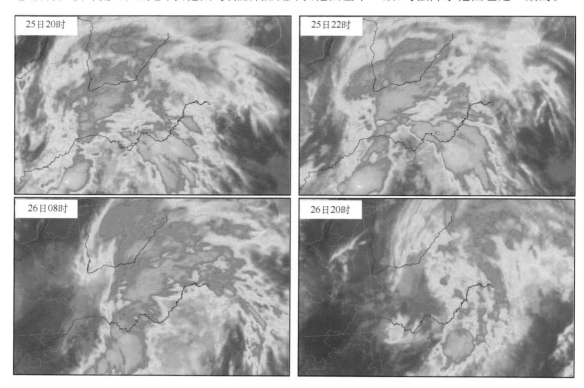

图 1-4-7 2013 年 5 月 25 日 20 时—26 日 20 时卫星云图

1.4.7 探空分析

由图 1-4-8 和图 1-4-9 可知,阜阳、安庆两站在 25 日 20 时的 CAPE 值都在 300 J·kg^{-1} 以上,并且垂直风场有以下明显特征:低层偏南风,高层偏北(西)风,风随高度强烈顺转,有很强的垂直风切变,非常有利于强对流的发生。

1.4.8 小结

(1)本次过程是 500 hPa 低槽东移,伴随低层有西南涡发展加强东移,在西南涡中心附近产生暴雨,以及在低层切变线和偏南急流动力条件下产生的强对流天气暴雨。

(2)500 hPa 高空槽前西南气流的正涡度平流一方面促使低层西南涡的发展和加强;另一方面槽前西南气流引导西南涡自西向东偏北方向移动。暴雨区主要位于 700 hPa 和 850 hPa 西南涡中心附近,以及西南涡移向的右前方。西南涡南侧加强形成的偏南急流,在受切变线抬升和地形抬升作用下,使得部分地区出现了强对流暴雨天气。

(3)今后在预报此类西南涡系统造成的降水时,首先要考虑低涡的移动路径和强度,同时也要考虑局地动力、地形抬升作用造成的强对流暴雨天气。

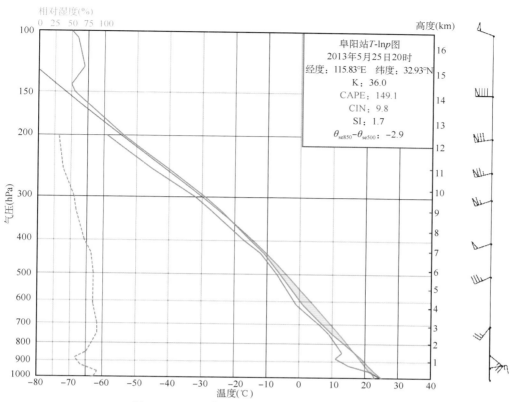

图 1-4-8　2013 年 5 月 25 日 20 时阜阳站探空图

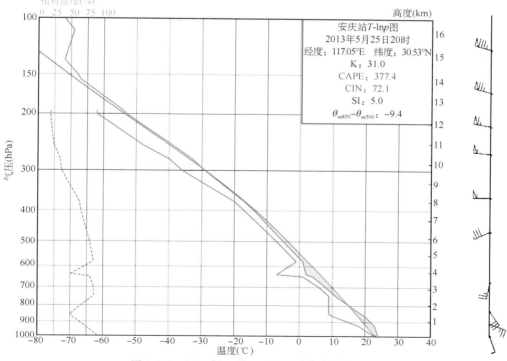

图 1-4-9　2013 年 5 月 25 日 20 时安庆站探空图

1.5 2007 年 9 月 18—19 日 "韦帕"台风暴雨

1.5.1 "韦帕"概况

2007 年第 13 号热带风暴"韦帕"于 9 月 16 日 08:00 在菲律宾东北部洋面上生成,生成后强度不断加强,18 日 05:00 加强为超强台风,强度维持 12 h,于 19 日 02:30 在浙江省温州市苍南县霞关镇沿海登陆,登陆时中心气压 950 hPa,近中心最大风速 45 m/s(14 级,强台风强度)。登陆后向西北偏北方向移动,穿过浙江的丽水、金华、杭州等地,于 19 日 19:00前后进入安徽境内,强度减弱为热带风暴,后继续北上穿过安徽东部、江苏,于 20 日 06:00入海(图 1-5-1)。

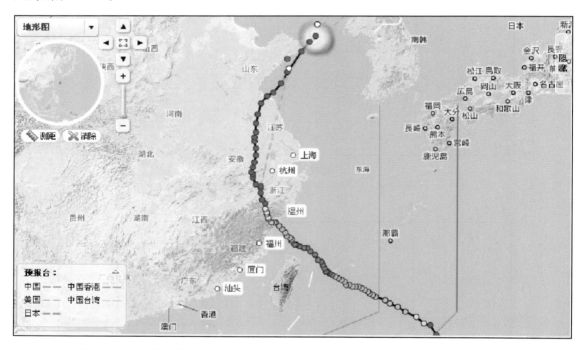

图 1-5-1 台风"韦帕"路径图(蓝色竖线:24 小时警戒线;绿色竖线:48 小时警戒线)

1.5.2 降水实况分析

受台风"韦帕"影响,浙江、福建、江西、安徽、江苏、上海、山东都出现了强降水,其中福建东北部、浙江全境、江西和安徽东部、江苏大部分地区以及胶东半岛普遍出现了暴雨到大暴雨,沿海部分地区出现了特大暴雨(图 1-5-2)。

"韦帕"在 19 日 19 时左右进入安徽境内,安徽东部普遍出现暴雨到大到暴雨,其中最大降水量出现在九华山(238 mm),最大降水时段集中在 19 日 14 时到 20 时左右(图 1-5-3、图 1-5-4)。

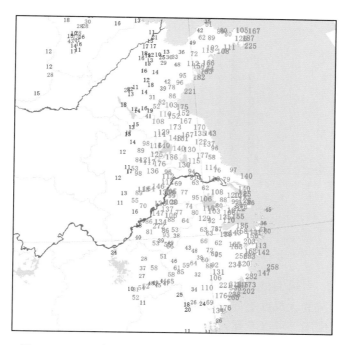

图 1-5-2　2007 年 9 月 17 日 08 时—20 日 08 时累积降水量

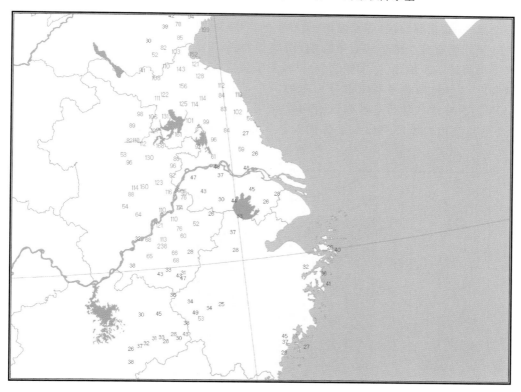

图 1-5-3　2007 年 9 月 20 日 08 时 24 小时降水量

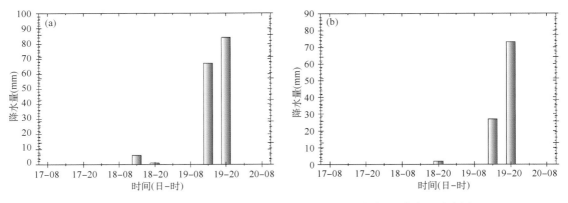

图 1-5-4　17 日 08 时—20 日 08 时九华山站(a)、明光站(b)降水量时序图

1.5.3　天气形势分析

低槽、副热带高压、台风倒槽是该次暴雨的主要大尺度环流系统。

槽前的正涡度平流和大尺度上升运动,为暴雨系统形成和维持提供了有利的大尺度环流背景。从 500 hPa 高度场上可以看到,该次暴雨发生在"两高一低"大尺度环流背景下。2007年 9 月 19 日 500 hPa 上 30°N 以北地区经向环流明显,呈两脊一槽型。19 日 08 时,位于华北东部的低槽于 20 时南压到广东东部,引导冷空气迅速南下,与台风倒槽东侧的东南暖湿气流在江苏北部、安徽东部交汇,导致暴雨、大暴雨的产生(图 1-5-5、图 1-5-6)。"韦帕"影响过程中气旋性环流北侧有高空槽东移南下影响,槽底延伸到 25°N 附近,而且温度场落后于高度场,预示高空槽将进一步加强。"韦帕"受冷空气影响强度减弱快,影响时间相对较短。

在 40°N 以南,副热带高压被分为东西两个,东边是日本海副热带高压,西边为大陆副热带高压。下游日本海副热带高压有两个作用:一是减慢了上游槽东移的速度,使暴雨持续;二是它与南边台风环流形成了强的偏东风低空急流,与低槽前部渗透的冷空气形成了切变。

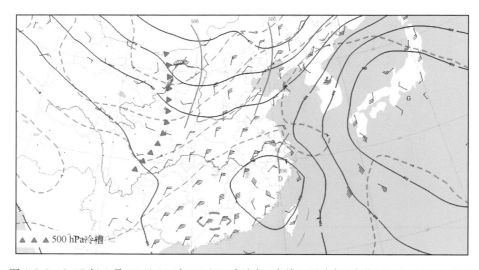

图 1-5-5　2007 年 9 月 19 日 08 时 500 hPa 高度场(实线)、温度场(虚线)以及 850 hPa 风场

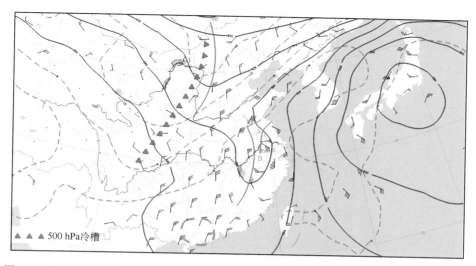

图 1-5-6　2007 年 9 月 19 日 20 时 500 hPa 高度场(实线)、温度场(虚线)以及 850 hPa 风场

1.5.4　中尺度分析(图 1-5-7)

9 月 19 日 20 时,850 hPa 沿江江南比湿大于 12 g/kg,低层水汽充足,受台风倒槽影响,低空 850 hPa 和 700 hPa 东南风急流顶部位于江苏北部到安徽东部一带,东北风急流位于我省西部。700 hPa 的台风倒槽几乎与 850 hPa 重合。500 hPa,高空槽引导冷空气南下,与台风倒槽相互作用,温度槽落后于高度槽,预示着高空槽进一步加深。高低空的系统配置为发生强降水提供了较为有利的动力条件。

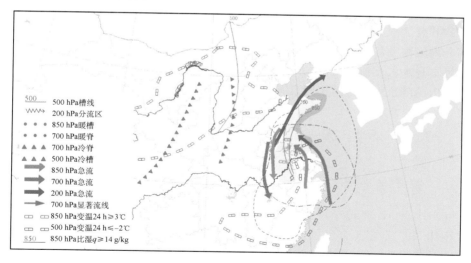

图 1-5-7　2007 年 9 月 19 日 20 时中尺度分析

1.5.5　物理量诊断

1. 水汽分析

充足的水汽供应是暴雨形成的主要条件之一,持续性大暴雨则更需有大范围水汽不断向

暴雨区集中。在 9 月 18 日 08 时 850 hPa 图上,从南海北部伸向我国东南沿海直至长江中下游一带为一明显湿区$[(T-T_d)<4℃]$。9 月 19 日 20 时湿区分别向西、北扩展(图 1-5-8)。显然,这一湿区是台风携带的暖湿空气进入大陆的结果。从流场演变来看,为暴雨提供水汽集中的系统,一个是台风低压中的风场辐合,另一个是北方低槽前的水平辐合。

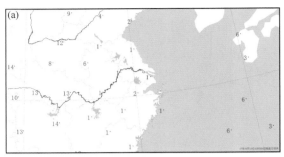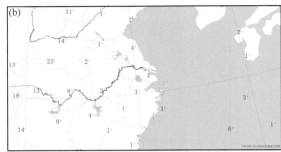

图 1-5-8　19 日 08 时(a)和 20 时(b)850 hPa 温度露点差

2. 散度场分析

持续的上升运动是维持暴雨的另一主要条件。在准地转条件下,上升运动的维持需要有利风场的支持。19 日 20 时,850 hPa 上强辐合中心位于苏北沿海一带,对应 300 hPa 的强辐散中心,安徽东部符合低层辐合、高层辐散的风场配置,这正是上升运动维持的动力机制。由此看出,台风登陆后逐渐减弱为热带低压,北上与低槽结合,雨区高、低空散度场的有利配置造成了暴雨到大暴雨的产生。

1.5.6　小结

(1)"韦帕"登陆减弱后与西风槽结合后,在安徽东部、江苏北部和山东南部沿海出现暴雨、大暴雨,部分地区雨量甚至超过台风登陆时闽浙沿海的雨量。

(2)台风本身水汽充沛,并且北方不断有冷空气补充,降水得以持续。

(3)九华山的降水极值与地形因素有一定关系。

1.6　2010 年 8 月 29—30 日　"狮子山"台风暴雨

1.6.1　"狮子山"概况

2010 年 8 月 29 日 02 时—30 日 17 时的 40 小时之内,在南海和西北太平洋海域先后有"狮子山""南川"和"圆规"3 个台风生成。它们同时影响了我国东南部沿海地区,这在历史上极其罕见。当"南川"减弱、"圆规"进入日本海后,第 6 号热带风暴"狮子山"在南海经历了近 101 个小时的缓慢移动之后,于 9 月 2 日 06:50 左右,在福建省漳浦县沿海登陆,登陆时中心附近最大风力有 9 级,中心最低气压为 990 hPa,其后缓慢向西北偏西方向移动并逐渐进入广东境内;9 月 2 日 23 时在广东境内减弱为热带低压;3 日凌晨以后,强度继续减弱,中央气象台 3 日 08 时对其停止编号。从"狮子山"移动的路径图(图 1-6-1)可知,"狮子山"从生成到登陆,期间经历了 10 次移动方向变换。

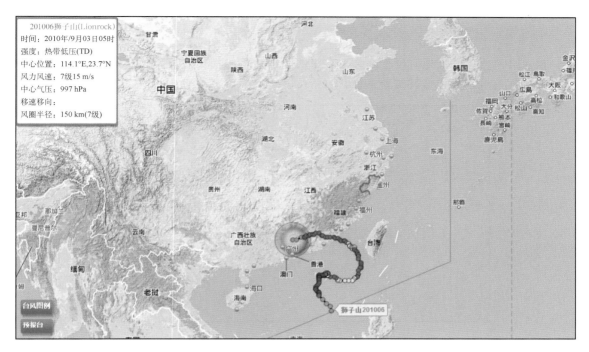

图 1-6-1　台风"狮子山"路径图

1.6.2　降水实况分析

受"狮子山"影响,安徽省降水主要出现在 2 日 08 时到 3 日 08 时,安徽有 21 个基本站雨量超过 50 mm,主要分布在江淮之间(图 1-6-2)。

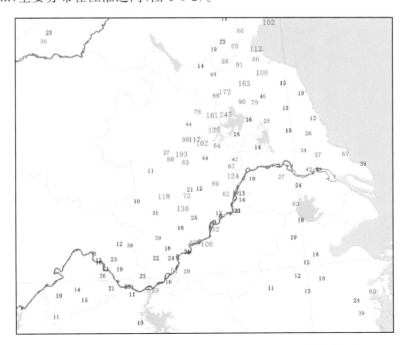

图 1-6-2　2010 年 9 月 2 日 08 时—9 月 3 日 08 时累积降水量

1.6.3 天气形势分析

200 hPa,安徽江淮地区位于副热带高压的北部边缘与西南急流南部边缘的辐散场中,为暴雨提供了有利的大尺度环流背景(图 1-6-3)。

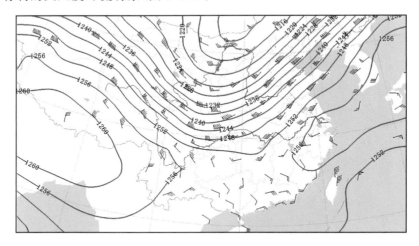

图 1-6-3 2010 年 9 月 2 日 20 时 200 hPa 高度场和风场

500 hPa,在 2 日 08 时到 3 日 08 时,西太平洋副热带高压快速增强西伸,呈东西带状,并控制华东中部地区;贝加尔湖附近为高压脊,其东部不断有冷空气东移南下;高空槽从河套地区逐渐移到山西、河南到湖北一带;"狮子山"在福建登陆后,缓慢西行逐渐进入广东,其西部为大陆高压控制,两高对峙,致使台风移动缓慢,并为其长时间停留提供了有利的环流背景(图 1-6-4)。

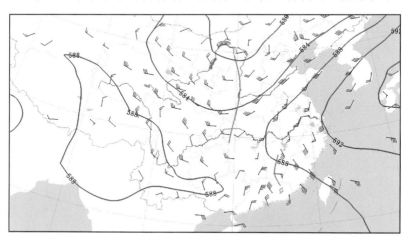

图 1-6-4 2009 年 9 月 2 日 20 时 500 hPa 高度场和风场

850 hPa(图 1-6-5)、700 hPa 受台风倒槽的影响,在 2 日 20 时,倒槽东侧有大于 12 m/s 的东南风急流生成,并一直维持到 3 日 08 时,为暴雨提供了很好的水汽和动力条件,暴雨区位于低空急流的北侧和倒槽的附近及南侧。

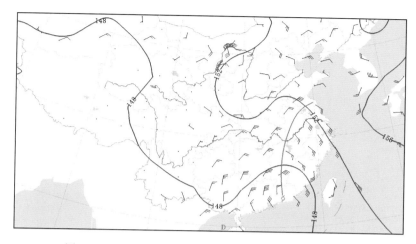

图 1-6-5 2009 年 9 月 2 日 20 时 850 hPa 高度场和风场

如图 1-6-6 所示,地面上台风倒槽逐渐向东北方向伸展,等压线趋于密集。在台风倒槽内,一直有弱冷空气侵入,使暖湿空气沿冷垫抬升,为不稳定能量的触发提供条件,利于对流性天气的产生,加大降雨强度。

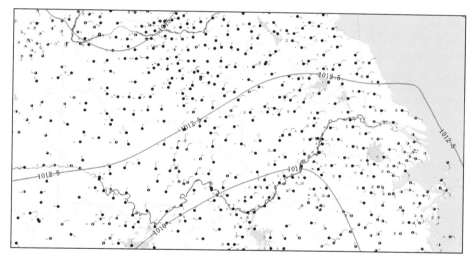

图 1-6-6 2009 年 9 月 2 日 20 时地面填图和海平面气压场

1.6.4 中尺度分析

高低空系统配合图显示,我省江淮之间有东南风和东北风的切变,850 hPa 东南风急流位于我省东部,与 700 hPa 急流近于重合;淮河以南位于湿度大值区,水汽充沛,暴雨、大暴雨出现在江淮切变线附近,低空急流出口区左侧以及低层高湿区(图 1-6-7)。

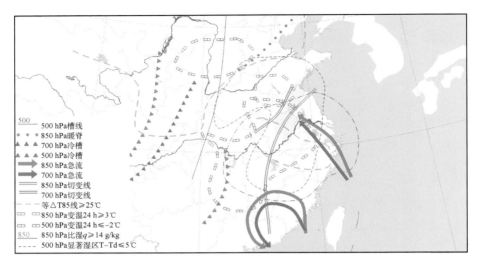

图 1-6-7　2009 年 9 月 2 日 20 时中尺度分析

1.6.5　物理量诊断分析

1. 不稳定条件

选取南京站的探空资料对安徽江淮地区的大气稳定度及能量进行分析,南京站 2 日 20 时,上空大气具有很大的不稳定能量,CAPE 值为 886 J/kg,K 指数为 39℃,表明江淮地区的大气层结一直处于极不稳定状态,只要有适当的触发机制即可产生对流(图 1-6-8)。

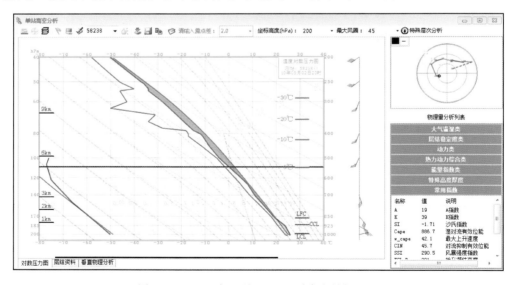

图 1-6-8　2009 年 9 月 2 日 20 时南京站探空图

2. 动力条件

高层的辐散对低层的辐合上升起促进作用,从散度场上分析,2 日 20 时,我省大暴雨区的 200 hPa 上存在明显的辐散区,低层从 925 hPa 到 500 hPa 都存在明显的辐合区(图 1-6-9)。从以上分析可见,在江淮地区上空,低层有强烈的辐合与高层辐散,并与强烈的上升运动区对应,利于上升运动的加强与维持,为暴雨提供有利的动力条件。

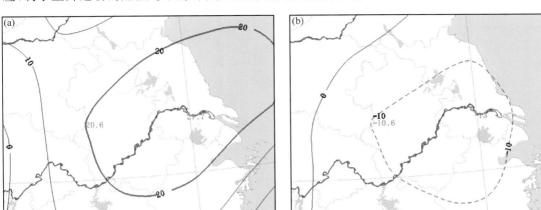

图 1-6-9 2009 年 9 月 2 日 20 时 200 hPa(a)、850 hPa(b)散度场(单位:10^{-5} s^{-1})

3. 水汽条件

9 月 1 日 08 时—3 日 08 时,850 hPa T-T_d≤3℃的大湿区,由华东沿海逐渐伸展到华东地区(图 1-6-10)。其中,2 日 20 时—3 日 08 时,华东地区的 T-T_d≤2℃,说明这一带地区的水汽已经达到了饱和,水汽充足。

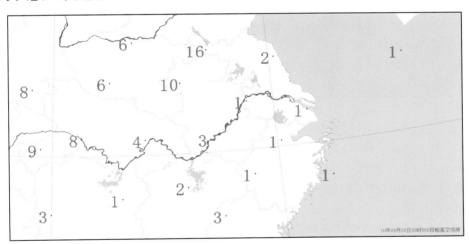

图 1-6-10 2009 年 9 月 2 日 20 时 850 hPa 温度露点差(单位:℃)

1.6.6 云图分析

在 9 月 2—3 日的卫星云图上,台风的螺旋云带十分明显(图 1-6-11)。在距台风"狮子山"较远的北侧,副热带高压西、西北侧及西风带低槽前部,不断有对流云团生成,强度逐渐增强和范围逐渐扩大。因此,中尺度对流系统的生成与维持直接导致了该次暴雨的产生。

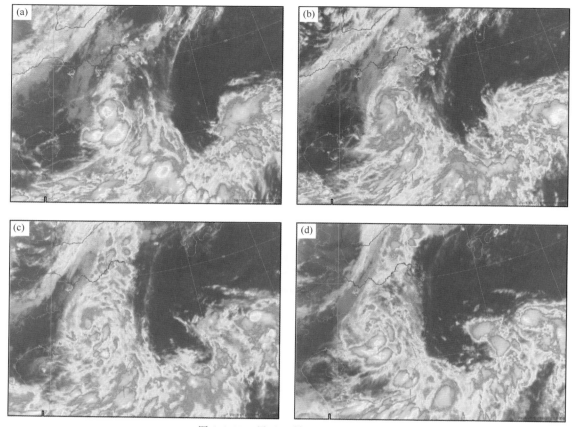

图 1-6-11　风云 2 号卫星云图观测

(a)2 日 08 时；(b)2 日 14 时；(c)2 日 20 时；(d)3 日 02 时

1.6.7　小结

（1）台风"狮子山"移入福建后，由于大陆高压和西太平洋副热带高压的对峙，致使其西移减缓和长时间停留。

（2）在台风低压、副热带高压和西风带低槽的共同作用下，低空、超低空两支东南风急流的生成与维持，为暴雨提供充沛的水汽和动力条件。

（3）暴雨区位于低空、超低空急流的北侧和高空急流及 700 hPa 切变线的南侧，并与低层辐合、高层辐散及强烈的上升运动区对应。

（4）地面台风倒槽内，一直有弱冷空气侵入，为不稳定能量的触发提供条件，利于对流性天气的产生，加大降雨强度。

（5）在暴雨出现前期，对流参数显示大气层结极不稳定，并在暴雨出现前后，有能量积累与释放的过程，因此，本次降雨主要以对流性降雨为主，短时强降雨十分明显。

1.7 2007年5月23—24日 低槽暴雨

1.7.1 降水实况分析

此次暴雨过程主要发生在2007年5月22日08时—24日08时(图1-7-1),低槽南下的过程中全省都发生了明显降水,23日08时之前,降水发生在沿淮淮北,23日08时—24日08时,全省都有明显降水。此次降水过程,暴雨发生在淮北和沿江一带,其中淮北的暴雨点比较分散,23日08时之前发生在淮北西部;沿江地区的暴雨带比较集中,呈东西走向,最强降水发生在潜山,为196 mm。从单点逐6 h的降水量观测(图1-7-2)分析,阜阳站的暴雨发生在22日20时—23日08时,而安庆站的暴雨发生在23日20时—24日08时。引起两个地区暴雨的中尺度系统是不同的,这和此次暴雨过程中高空低槽南下的天气形势密切相关,后续将进行详细讨论。

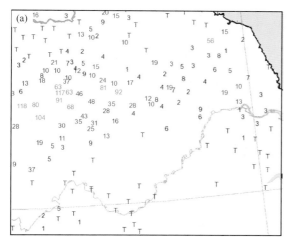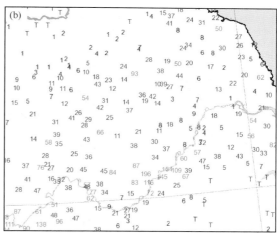

图1-7-1 观测的24 h降水量(单位:mm)

(a)2007年5月22日08时—23日08时;(b)2007年5月23日08时—24日08时

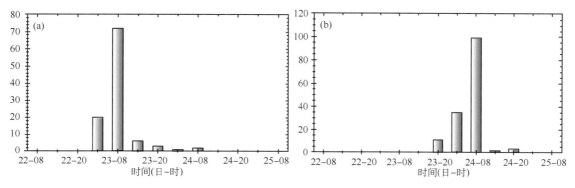

图1-7-2 阜阳(a)和安庆(b)逐6 h降水量观测(单位:mm)

1.7.2　云图分析

从云图(图 1-7-3)上可以很清楚地看出这次暴雨的发生过程。23 日 05 时,在河南东部、安徽淮北西部地区有强对流系统生成,该对流系统造成河南东部和安徽阜阳地区产生暴雨。该对流系统在中高层引导气流的作用下,逐渐向东南方向移动,至 13 日 05 时,对流云团已经移动至我省大别山地区,并且强度已经减弱,所以北部暴雨主要是由于对流云团发展引起的短时强降水。对于我省沿江地区的暴雨,产生的原因有所不同。23 日 20 时,在湖北东部有对流云团开始发展,发展起来的对流云团向偏东方向移动,移动至我省沿江地区。对流云团后部不断有新的对流云团生成,随之东移。可见,对于沿江地区的暴雨,除了短时强降水之外,另外一个重要原因是"列车效应",不同的对流云团东移,重复经过我省的沿江地区。不同的天气形势,对流系统传播的引导气流的差异是造成上述现象的主要原因。

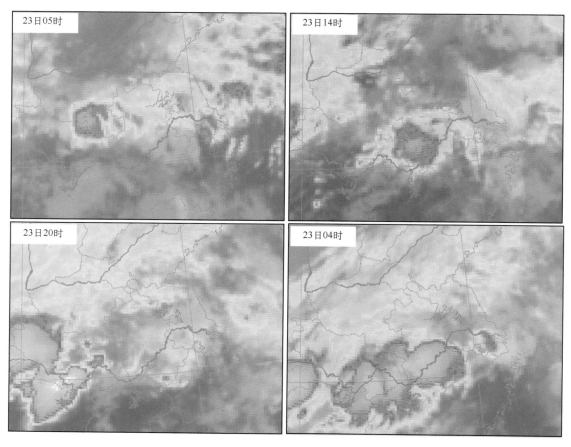

图 1-7-3　风云 2 号卫星云图观测

1.7.3　天气形势分析

中小尺度天气系统是造成暴雨的直接系统,但是大尺度天气形势制约影响着中小尺度天气系统的发展和移动。图 1-7-4 为 23 日 08 时 500 hPa 和 850 hPa 的高空观测分析场。在 500 hPa 上,前一个低槽已移动至我国华东地区,江淮至华北地区为弱高压脊控制,在温度场上对应的是弱的温度脊。在我省北部 500 hPa 上空为西北风控制,具有一定的暖平流。另外在我国西北地区西部有新的低槽携带冷空气东移南下。在 850 hPa 上,从华北至黄淮地区存在一低槽,槽前为西南风低空急流,并有明显的暖平流。所以,该低槽是一个前倾槽。这种高低空的配置和经典的天气学概念模式是明显不同的。低层的暖湿气流产生了不稳定的大气层结,东移南下的低槽触发了对流的发生。配合卫星云图可以发现,对流云团最初从低槽的尾部开始发展起来,随后在引导气流的作用下,向东南方向移动,引导气流和 500 hPa 上的风场基本一致。

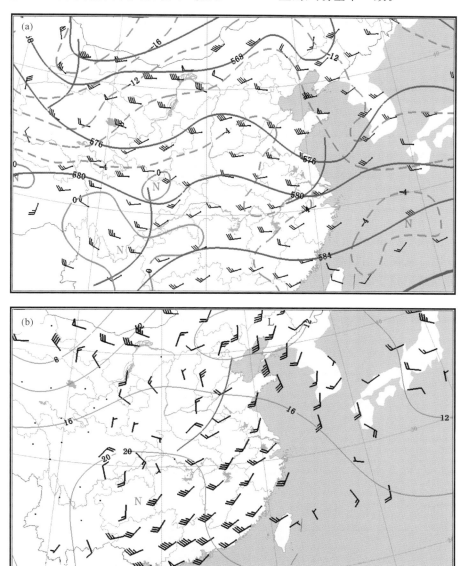

图 1-7-4　2007 年 5 月 23 日 08 时 500 hPa 观测(a)(红虚线:温度场;红实线:暖中心;棕线:高度场和槽线)和 850 hPa 观测(b)(红实线:温度场;棕线:槽线)

至 23 日 20 时(图 1-7-5),500 hPa 上的低槽从我国西北地区快速东移至河套地区,而此时我国南部的暖湿空气比较强盛,导致 850 hPa 上的低槽并为明显东移南下。但是,在低槽后部的偏北风明显加强,最强超过 12 m/s。在长江中游地区有暖切东移,从卫星云图上可以看出,在暖切和低槽交汇区域有对流云团发展。后续随着 500 hPa 低槽南下,我省将转为受槽前的西南偏西气流控制,对流云团会在西南偏西气流的引导下不断向东移动,同时由于低槽的冷空气影响,暖切上持续激发出对流系统并向东移动,最终导致了我省沿江一带的暴雨。

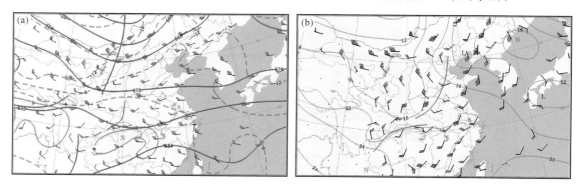

图 1-7-5　2007 年 5 月 23 日 20 时 500hPa 观测(a)(红虚线:温度场;红实线:暖中心;
棕线:高度场和槽线)和 850hPa 观测(b)(红实线:温度场;棕线:槽线)

1.7.4　探空分析

从单点的探空分析,大气层结的垂直分布也是有利于对流发生。图 1-7-6 为 23 日 08 时阜阳站 T-ln$p$ 图。从图中可以看出,阜阳站风向随高度顺转,表明有暖平流,有利于对流不稳定的建立。虽然阜阳站正在降水,但 CAPE 并没有完全释放完,为 80.8 J/kg,还具有一定的对流不稳定能量,SI 指数为 −1.7℃,表明大气层结依然不稳定。A 指数为 19℃,K 指数为 40℃,都表明是有利于暴雨的大气层结。

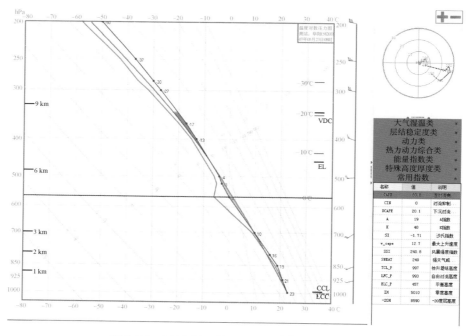

图 1-7-6　2007 年 5 月 23 日 08 时阜阳站探空图

图 1-7-7 为 23 日 20 时安庆站 T-$\ln p$ 图。和 08 时阜阳站类似,安庆站风向随高度顺时针旋转,同时大气也处于对流不稳定状态,SI 指数为-2.1℃,也具有一定的对流不稳定能量,CAPE 为 1029 J/kg,K 指数为 41℃,抬升凝结高度(LCL)非常低,都表明有利于暴雨的发生。另外,湿度条件也非常利于发生暴雨,850 hPa 的露点温度为 19℃,从 1000 hPa 到 600 hPa 都为接近饱和层结。所以从单站的探空分析发现,层结条件和湿度条件都有利于发生暴雨。

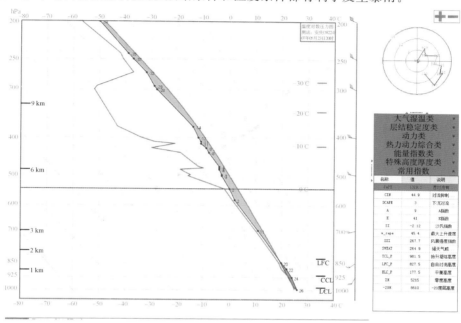

图 1-7-7　2007 年 5 月 23 日 20 时安庆站探空图

1.7.5　小结

通过以上分析可知,此次暴雨过程发生在有利的天气背景条件下,暴雨形成的原因有以下几点:

(1)500 hPa 上有低槽东移,携带冷空气南下;中低层暖湿空气强盛,形成西南低空急流,冷暖空气交汇于江淮一带。

(2)槽前西南暖湿气流造成了槽前大面积的大气层结不稳定区。在 850 hPa 低槽南下过程中,在低槽尾部或低槽和暖切交汇附近触发出对流云团。

(3)发生暴雨的水汽条件好,抬升凝结高度低,湿层深厚,利于短时强降水和对流性暴雨的发生。另外对于南部暴雨,"列车效应"也是造成暴雨的重要原因。

对于低槽南下引起的暴雨,低槽的移动速度也是一个重要的预报着眼点,但低槽移动速度太快,不利于暴雨的发生。低槽在南下的过程中,经常出现低槽北段移动较快,南段移动较慢,甚至"躺倒"成东西向切变线的情况。此次暴雨过程中,南部暴雨可能与低槽移动速度相关,但由于探空资料的时间分辨率低,尚无法判断,后续将进行进一步讨论。

1.8　2014 年 5 月 16—17 日　暖切暴雨

1.8.1　降水实况分析

暖式切变线一般定义为西南风和东南风的切变线,简称"暖切"。暖切往往是江淮低涡东侧的组成部分,也有无低涡相伴随的情况。暖切的出现表明暖湿气流开始加强北抬,所以暖切经常都是北抬的,移动的暖切不容易产生暴雨。根据实际预报经验看,暖切造成的强降水经常位于我省南部地区。2014 年 5 月 16—17 日受暖切影响,在我省江南南部出现了 7 个站的暴雨(图 1-8-1),最大降水量为黄山站,降水量为 83 mm。在此次降水过程中,江西中北部和浙江中北部也出现了大雨和暴雨。雨带总体呈东北—西南向。从屯溪站逐 6 h 的降水量(图 1-8-2)观测来看,降水时段发生在 16 日夜里至 17 日上午,6 h 最大降水量接近 40 mm。总体来说,此次暴雨过程雨强不强,但范围较广。

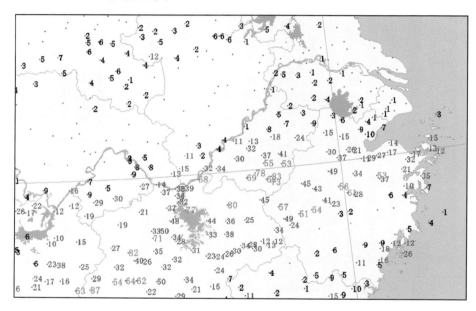

图 1-8-1　2014 年 5 月 17 日 08 时过去 24 h 降水量(单位:mm)

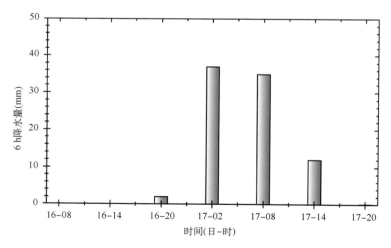

图 1-8-2　屯溪站逐 6 h 降水量

1.8.2　天气形势和云图分析

在此次暴雨过程中,500 hPa 受南支槽的控制(图 1-8-3),我省处于南支槽前的西南气流之中。北方有低槽已经移出我国,移至日本海附近,华北至黄淮一带地区为高压脊控制,利于在低层形成高压,风场上表现为反气旋结构,所以在 700 hPa 和 850 hPa 上安徽北部盛行东北风(图 1-8-4、图 1-8-5),与南支槽下的西南风形成暖式切变线。在 700 hPa 上(图 1-8-4),低涡中心位于山西南部,冷切和暖切呈"人"字形分布,在暖切北侧具有明显的冷平流,而暖切南侧西南风强,形成了西南低空急流,急流核风速超过 18 m/s,具有强的暖平流,暖切也是冷暖空气

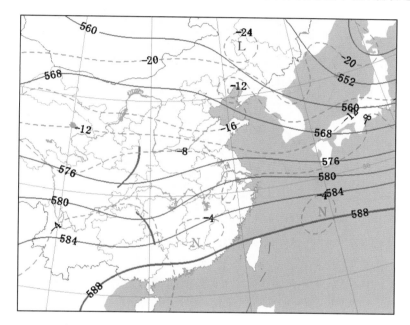

图 1-8-3　2014 年 16 日 20 时 500 hPa 形势场(棕线为等位势高度线,红线为等温度线)

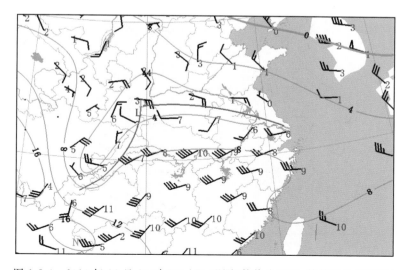

图 1-8-4　2014 年 16 日 20 时 700 hPa 观测(数值为比湿,等值线为温度线)

的交汇地区。同时切变线南侧也具备了丰富的水汽，700 hPa 的比湿达到 8～10 g/kg，达到了我省发生暴雨的平均比湿条件(8 g/kg)。在 850 hPa 上(图 1-8-5)，低涡中心比 700 hPa 的低涡中心偏南，表明了大气的斜压性。低涡东侧暖切位于江西北部和安徽南部一带，存在西南风低空急流，水汽条件好，比湿为 12～15 g/kg，也达到了我省发生暴雨的 850 hPa 的平均比湿条件(12 g/kg)。所以从各层条件分析，我省南部都是有利于出现暴雨的形势。

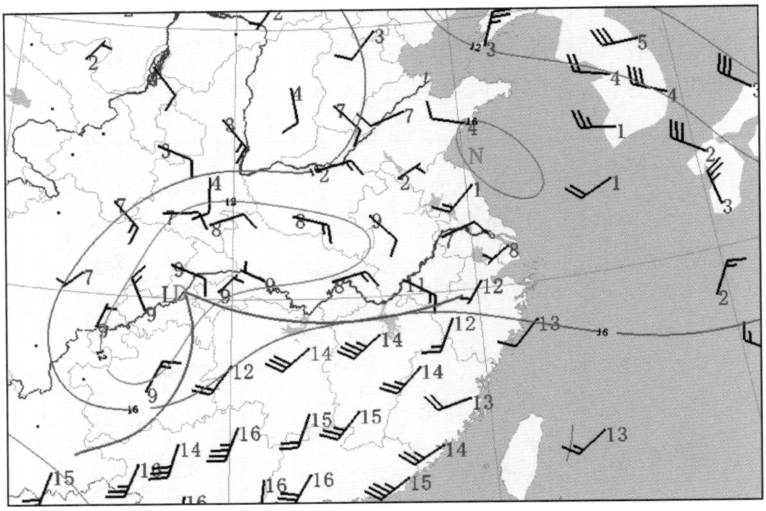

图 1-8-5　2014 年 5 月 16 日 20 时 850 hPa(数值为比湿，等值线为温度线)

至 17 日 08 时，我省南部已经开始出现降水，但 850 hPa 暖切和东急流依然维持(图 1-8-6)，但随着低涡位置南压，降雨带随之南落。在地面(图 1-8-7)上可以清楚分析出地面倒槽，降水云带出现在倒槽之中，呈东北—西南走向，降水云团向偏东方向移动，降水时间会维持较长，有利于形成暴雨。

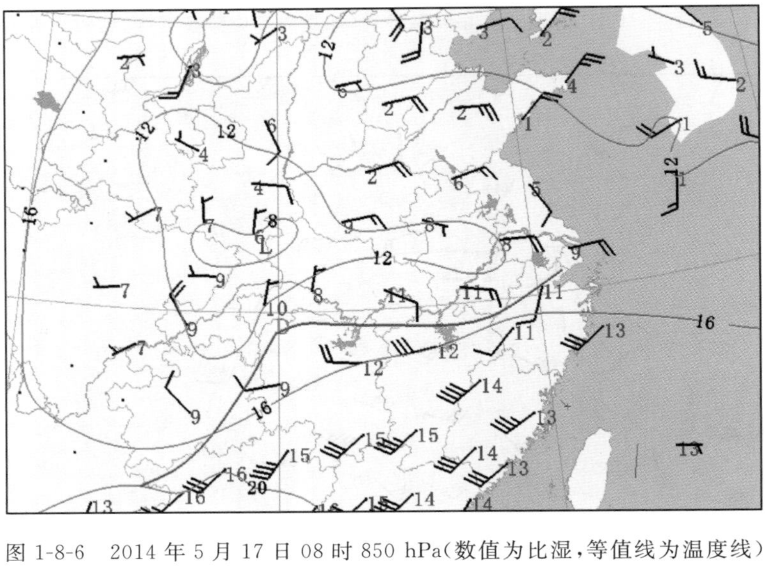

图 1-8-6　2014 年 5 月 17 日 08 时 850 hPa(数值为比湿，等值线为温度线)

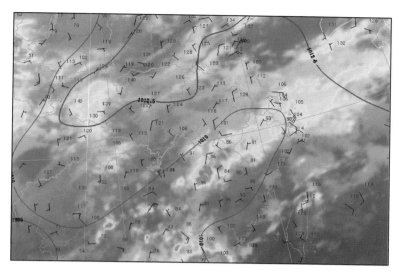

图 1-8-7　2014 年 5 月 17 日 08 时地面风场和 16 日 02 时卫星云图（等值线海平面气压）

1.8.3　单站探空曲线分析

16 日 20 时，南昌站的风向随高度顺转（图 1-8-8），表明该站上空为暖平流区，700 hPa 达到低空急流的标准。中低层各层的露点温度较高，表明大气中包含的水汽比较丰富，同时，中低层各层都接近饱和，湿度层深厚，也是发生暴雨的有利条件之一。从各种指数计算结果分析，SI 指数为 −1.3℃，表明大气是对流不稳定的层结，K 指数为 38℃，也指示该站可能发生暴雨天气。

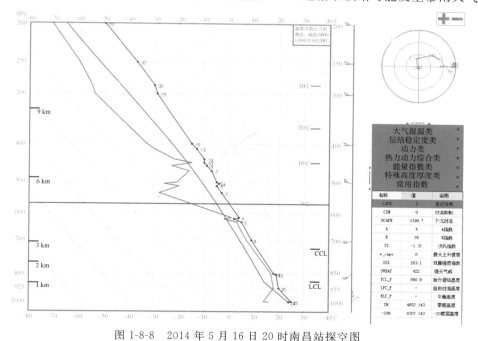

图 1-8-8　2014 年 5 月 16 日 20 时南昌站探空图

而在暖切北侧发生暴雨的有利条件差很多，取南京站作为对比分析（图 1-8-9）。南京站上空没有低空急流，中低层露点温度较低，水汽条件差。各种指数，比如 K 指数为 26℃，SI 指数为 8.2℃,也都不利于强降水的出现。

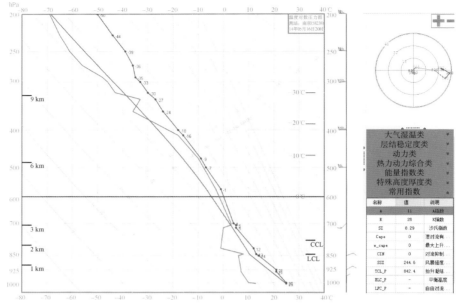

图 1-8-9 2014 年 5 月 16 日 20 时南京站探空图

从该个例可以看出,暖切南侧为不同性质的气团所控制,南侧为暖湿气团,北侧为干冷气团,所以暖切是两种气团的交汇区,利于出现强降水。

1.8.4 物理量诊断分析

上述从单点的物理量分析了出现暴雨的有利条件,在整个区域上分析,江西北部、安徽南部一带也是利于出现暴雨的。图 1-8-10 为 16 日 20 时 850 hPa 水汽通量和水汽通量散度。从

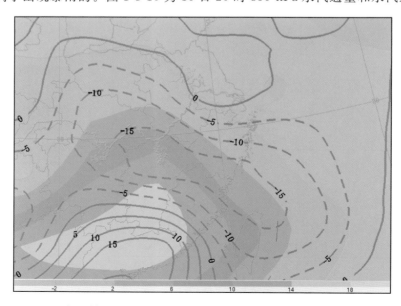

图 1-8-10 2014 年 5 月 16 日 20 时 850 hPa 水汽通量(阴影,单位:g/(cm・hPa・s))和
水汽通量散度(等值线,单位:g/(cm² ・ hPa ・ s))

水汽通量空间分布分析,华南至江南一带为水汽输送的大值区,水汽输送核位于广东、福建一带。但对于水汽通量散度而言,强的水汽辐合位于江西北部、安徽东南部。从水汽的辐合方面分析,江西北部和安徽南部一带利于出现暴雨。

1.8.5 小结和概念模型

通过以上分析,此次暴雨过程的产生原因为:

(1)有利的环流背景。从图1-8-11可知北方有浅槽东移出海,我省北部槽后形成反气旋环流,为东南风或偏东风控制。南部受东移南支槽影响,盛行西南风,携带暖湿空气北上,西南风与东南风形成暖切,冷暖空气交汇于暖切附近,有利于降水的发生。

(2)从图1-8-11的概念模型中可以看出,暖切南部的西南气流强盛,形成了低空急流,西南气流输送大量水汽,而且中低层饱和层深厚,有利于形成强降水。另外,暖湿气流中,大气处于不稳定层结,也有利于形成激发对流,增强暴雨发生的可能。

(3)低涡移动速度缓慢,导致暖切在江西北部和安徽南部一带维持少动,利于该地区维持较长时间降水,这也是此次暴雨发生的有利条件之一。

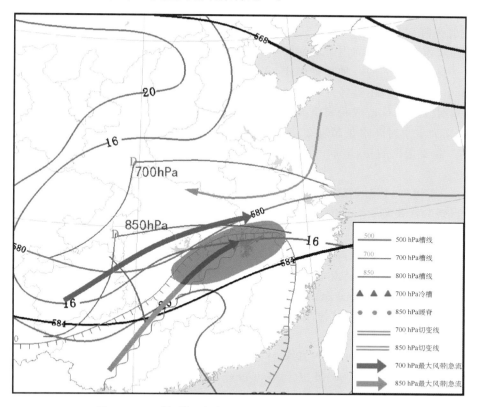

图1-8-11 暖切暴雨的中尺度概念模型(阴影为暴雨区)

第 2 章　强对流

概　述

强对流天气是指出现雷雨大风、冰雹、龙卷风、短时强降水等现象的灾害性天气,在气象上属于中小尺度天气系统。本章主要从大尺度天气系统和物理量出发,分析了短时强降水、雷雨大风、高架雷暴、冰雹等强对流天气发生发展的过程。

1. 短时强降水

短时强降水是指短时间内降水强度较大,其降雨量达到或超过某一量值的天气现象。短时强降水是强对流天气的一种重要形式,常与暴雨相联系,短时强降水可造成农田渍涝、城市内涝,甚至引发泥石流、山洪等地质灾害,影响人类正常工作、生活和健康,甚至威胁人类的生命安全。短时强降水是造成我省重大经济损失的主要灾害之一。各地短时强降水的定义不一致,有的定义为 1 小时降水量超过 20 mm,有的为超过 25 mm,还有的定义为 1 小时降水量超过 30 mm。需要指出的是,本章的短时强降水个例是按 1 小时降水量≥20 mm 进行统计分析的。

由图 2-0-1 可知,短时强降水的高发区为淮河以北、大别山区和江南西部,其中大别山区、皖南山区出现频次最高,由此可见当地地形起到了一定的增幅作用。而江淮之间中东部、江南东南部都是较少出现短时强降水的区域。

由图 2-0-2 可知,短时强降水的日分布呈明显的双峰型特征,早晨、午后到傍晚是强降水易发的两个时间段,而中午及夜里则是强降水的低发时间段。

我省的短时强降水的月分布呈现单峰型特征(图 2-0-3),7 月是强降水最频繁发生的月份,6 月出现次数比 8 月多、5 月出现次数比 9 月多。

2. 雷雨大风

雷雨大风是指在出现雷雨天气现象时,阵风风力达到或超过 8 级(风速≥17.2 m/s)的天气现象。而大风一般在瞬时 8 级以上即可折断树木和高秆农作物,损坏房屋,10 级以上(≥24.5 m/s)常有巨大的破坏力。

雷雨大风的产生主要有两种方式:①对流风暴中的下沉气流达到地面时产生辐散,直接造成地面大风;②对流风暴下沉气流由于降水蒸发冷却到达地面时形成一个冷空气堆向四面扩散,冷空气堆与周围暖湿气流的界面称为阵风锋,阵风锋的推进和过境也可以导致大风。有的学者认为移动着的雷暴高空水平动量下传也能产生大风天气。

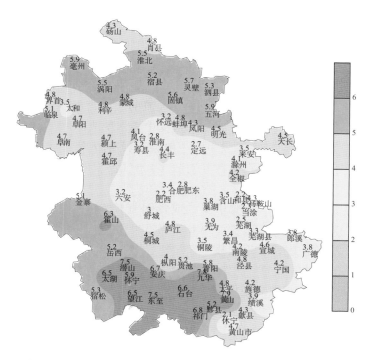

图 2-0-1 1995—2007 年短时强降水多年平均次数(单位:次)

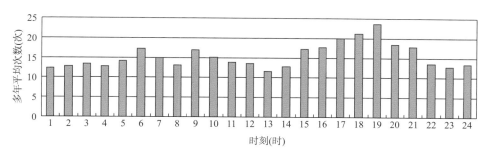

图 2-0-2 短时强降水的日变化特征

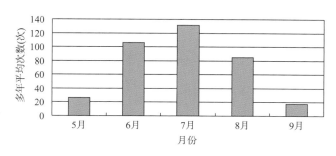

图 2-0-3 短时强降水的月分布特征

3. 高架雷暴

高架雷暴是指雷暴云云底在边界层以上的雷暴。一般发生在冬末春初,秋季也易发生,2月出现的概率最高。高架雷暴发生时虽然气温不高,但也常常伴有短时强降水、雷电、冰雹等强对流天气,具有一定的灾害性(盛杰等,2013)。

高架雷暴天气发生在东高西低的形势下,高层一般为西南偏西气流;中层主要表现为南支槽建立,西南气流强盛;低层在南支槽前强盛西南气流的北侧有低涡或切变线生成,雷暴区南侧一些高山站会出现持续的西南大风。地面一般受中等强度或弱冷空气影响,以偏北风为主,因此环境中存在较深厚的逆温层,雷暴发生前一般会有轻雾或雾天气。在温度适宜的情况下还可能会形成冻雨天气,冻雨天气在山区相对较多,当气温下降到达到降雪条件时还可出现"雷打雪"现象。

预报着眼点:雷暴落区与 850 hPa 切变线或低涡有较好的对应关系;高架雷暴发生前,850 hPa 或 700 hPa 相对湿度大于 70%,700 hPa 与 500 hPa 温度差在 16℃以上,有一定的热力不稳定,700 hPa 风速需达到急流强度(盛杰等,2013)。在强天气诊断时,由于抬升层在 850 hPa 左右甚至更高,所以,很多对流参数不能用于诊断高架雷暴,但有些对流参数可以通过订正探空工具将抬升层高度设置到逆温层顶来进行修正,如对流有效位能。

本章选取了两个高架雷暴个例。第一个个例为持续的高架雷暴天气,冰雹发生前经探空订正后的对流参数不明显,第二个个例中低层有两次冷空气活动过程。针对这两次雷暴天气的异同点进行对比分析,并对部分对流参数进行解释。

4. 冰雹

虽然大部分冰雹天气都是在中小尺度系统所导致的强对流天气中生成的,但产生冰雹天气的中小尺度系统却只有在一定的大尺度环流背景条件下才能形成。我省大范围冰雹天气500 hPa 流场特征基本可以分为两类:一为 500 hPa 为冷涡或槽后偏北风流场,这一类被称为"冷干类"冰雹天气形势;二为 500 hPa 槽前偏南风流场,这一类被称为"暖湿类"冰雹天气形势。本章各选取了一个"冷干类"和"暖湿类"冰雹个例进行分析。

2.1　2007 年 7 月 8—9 日　短时强降水

2.1.1　过程概述

1. 实况

2007 年 7 月 8 日 08 时—9 日 08 时,湖北北部、河南南部、安徽中北部和江苏中部出现暴雨,部分地区大暴雨。

2. 特点

属短时强降水,部分站点雨强超过 120 mm/6 h,落区呈东西向带状分布,范围大、强度强,最大降水量为 222 mm,在安徽颍上。

从图 2-1-1 可以看出,暴雨落区呈东西带状分布,共 30 个站出现大暴雨。图 2-1-2 选取阜阳和寿县两站的地面资料作降水量时序图,可知主要的强降水时段为 8 日 08 时—8日 20 时,最大雨强超过 120 mm/6 h。图 2-1-3 说明雷暴落区集中在沿淮、淮河以北和江淮之间东部。

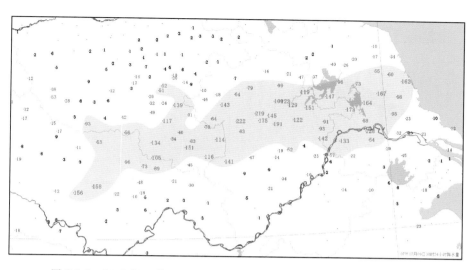

图 2-1-1　2007 年 7 月 8 日 08 时—9 日 08 时 24 小时降水量(单位:mm)

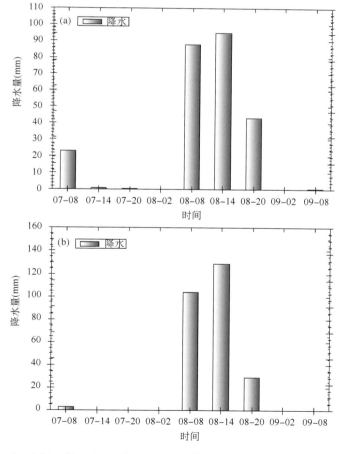

图 2-1-2　2007 年 7 月 7 日 08 时—9 日 08 时阜阳站(a)和寿县站(b)降水量时序图

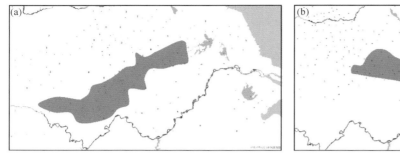

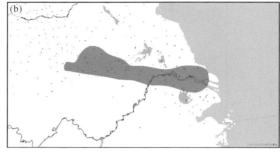

图 2-1-3　2007 年 7 月 8 日 08 时(a)和 20 时(b)雷暴落区

2.1.2　成因分析

1. 环流形势

由图 2-1-4 和图 2-1-5 可知,8 日 08 时 500 hPa 低槽位于河套地区南部到四川盆地北部,700 hPa 和 850 hPa 有多个短波槽相连,形成大范围的低压区,我省受槽前西南气流影响,位于地面气旋前部。到 8 日 20 时,500 hPa 低槽东移,中低层系统有所减弱,地面降水也随之逐渐东移减弱。

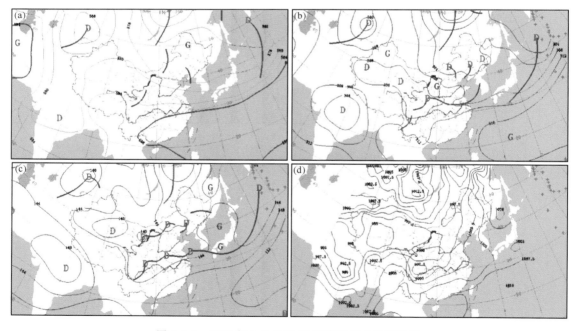

图 2-1-4　2007 年 7 月 8 日 08 时高空和地面形势场
(a)500 hPa;(b)700 hPa;(c)850 hPa;(d)地面

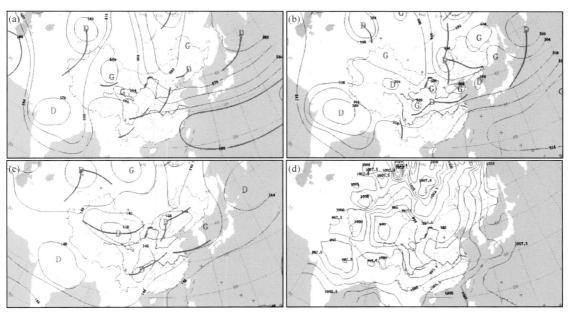

图 2-1-5 2007 年 7 月 8 日 20 时高空和地面形势场

(a)500 hPa；(b)700 hPa；(c)850 hPa；(d)地面

2. 中尺度分析

由图 2-1-6 至图 2-1-9 可知，我省沿淮淮河以南 850 hPa 比湿都大于 12 g/kg，700 hPa 江苏北部为干舌，有利于中层的干侵入，500 hPa 我省中部为显著湿区；沿淮和淮河以北 850 hPa 和 500 hPa 温差超过 25℃，山东和河南北部存在明显的低层升温和高温降温，增加了温度直减率，加大了大气的斜压不稳定；从抬升条件看，700 hPa 和 850 hPa 都存在西南急流，而且在我省上空重叠，大大加强了抬升力，同时带来丰富水汽，暴雨的落区在 850 hPa 切变线和低空急流之间，与 200 hPa 分流区和地面辐合线位置有较好的对应。

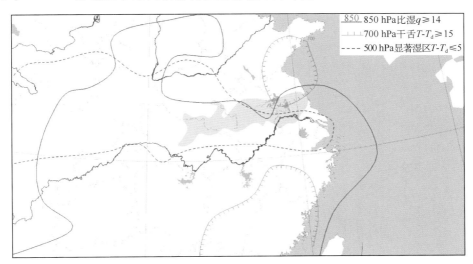

图 2-1-6 2007 年 7 月 8 日 08 时水汽条件

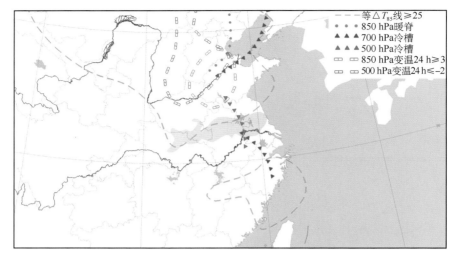

图 2-1-7 2007 年 7 月 8 日 08 时不稳定条件

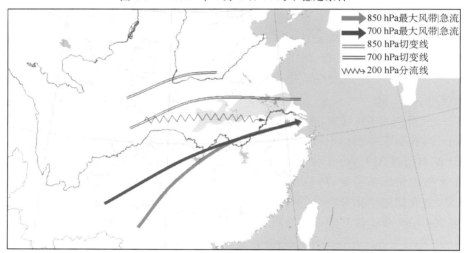

图 2-1-8 2007 年 7 月 8 日 08 时抬升条件

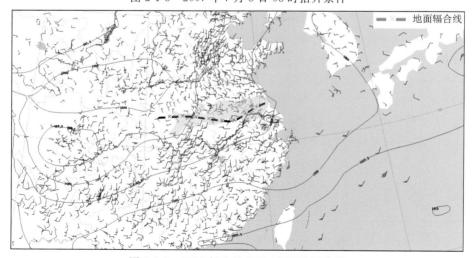

图 2-1-9 2007 年 7 月 8 日 08 时地面分析

2.1.3　探空分析

由 8 日 08 时阜阳站探空分析可知,整层大气水汽都比较饱和,湿层深厚,水汽条件好,A 指数达到 15℃,K 指数达 39℃(图 2-1-10),说明空气十分不稳定,但是对流有效位能比较小。

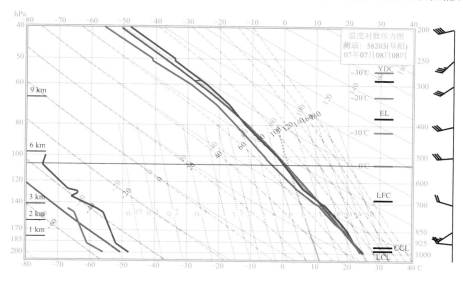

图 2-1-10　2007 年 7 月 8 日 08 时阜阳站探空图

2.1.4　卫星云图分析

由图 2-1-11 可知,8 日 02 时开始,淮北西部开始有积云发展,到 08 时淮北大部分地区被对流云团覆盖,且与江苏南部的对流云系连接起来,14 时后,槽前不断有新的对流云团生成发展并向东移动,从而造成本次东西向分布的强降水过程。

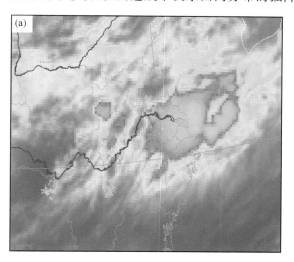

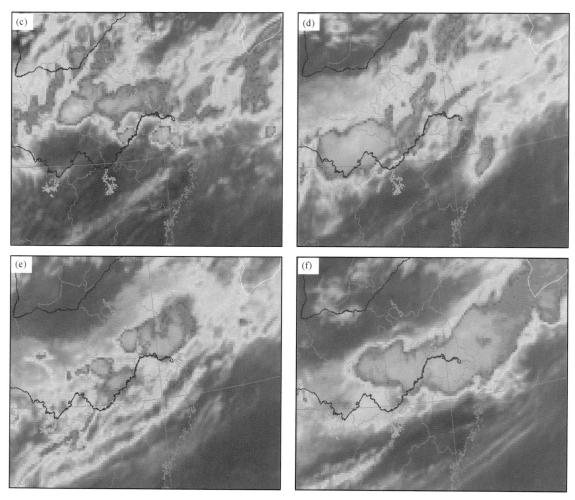

图 2-1-11　2007 年 7 月 8 日 02 时—9 日 08 时卫星云图

(a)8 日 02 时;(b)8 日 08 时;(c)8 日 14 时;(d)8 日 20 时;(e)9 日 02 时;(f)9 日 08 时

2.1.5　小结

（1）本次强降水过程范围大、强度强,具有明显短时强降水特点,最大雨强超过120 mm/6 h。

（2）强降水落区在 850 hPa 切变线和低空急流之间,与 200 hPa 分流区和地面辐合线位置有较好的对应。

（3）强降水落区呈东西向带状分布,不断有新的雨团生成并向东移,是造成这一特征的主要原因。

2.2 2008 年 4 月 19—20 日 短时强降水

2.2.1 过程概述

1. 实况

2008 年 4 月 19 日 08 时—20 日 08 时,湖北东北部、河南南部、安徽北部和江苏北部出现暴雨,部分地区大暴雨。

2. 特点

本次过程是由西南涡东移造成的强降水,落区呈东北—西南向带状分布,范围大、强度强,最大降水量为 172 mm,位于江苏宿豫。

从图 2-2-1 可知,暴雨落区呈东北—西南向带状分布,共 13 个站出现大暴雨。图 2-2-2 选取蒙城和睢宁两站的地面资料作降水量时序图,可以看出雨带自西向东移动,雨强较大,连续两个时段雨强超过 40 mm/6 h。图 2-2-3 说明雷暴落区集中在沿淮淮河以北和江淮之间东部。

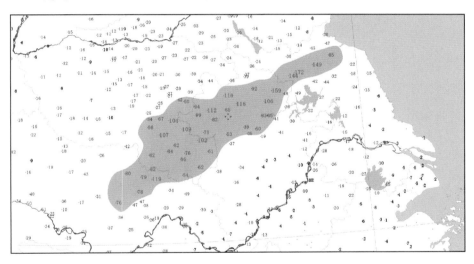

图 2-2-1 2008 年 4 月 19 日 08 时—20 日 08 时 24 小时降水量(单位:mm)

2.2.2 成因分析

1. 环流形势

由图 2-2-4 至图 2-2-6 可知,19 日 08 时 500 hPa 低槽位于河套地区到四川盆地,700 hPa 和 850 hPa 有西南涡生成并向东北方向移动,我省受槽前西南气流影响,位于地面气旋前部。到 19 日 20 时,500 hPa 上沿海高压脊加强形成高压坝,受其阻挡作用,低槽及西南涡系统稳定,移动缓慢。20 日 08 时,低槽继续东移,西南涡向东北方向移动,我省处于其移向的右前方,地面倒槽的北部。

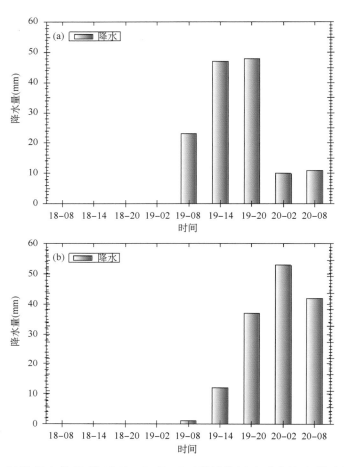

图 2-2-2　2008 年 4 月 19 日 08 时—20 日 08 时蒙城站(a)和睢宁站(b)降水量时序图

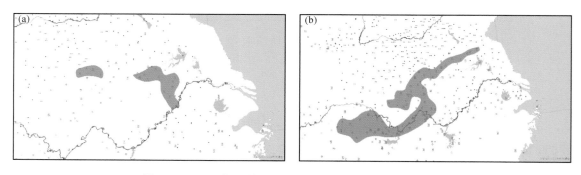

图 2-2-3　2008 年 4 月 19 日 08 时(a)和 20 时(b)雷暴落区

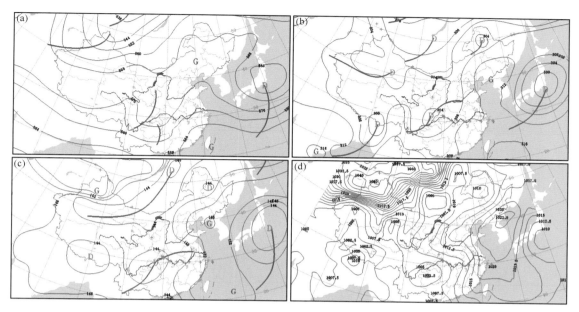

图 2-2-4　2008 年 4 月 19 日 08 时高空和地面形势场

(a)500 hPa；(b)700 hPa；(c)850 hPa；(d)地面

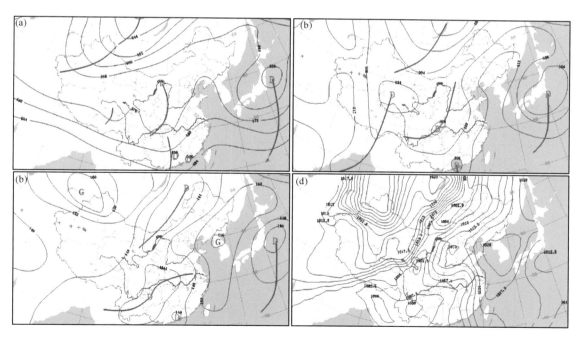

图 2-2-5　2008 年 4 月 19 日 20 时高空和地面形势场

(a)500 hPa；(b)700 hPa；(c)850 hPa；(d)地面

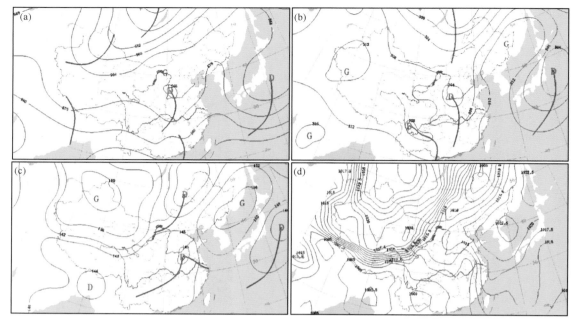

图 2-2-6　2008 年 4 月 20 日 08 时高空和地面形势场

(a)500 hPa;(b)700 hPa;(c)850 hPa;(d)地面

2. 中尺度分析

由图 2-2-7 至图 2-2-9 可知,全省 850 hPa 比湿都大于 14 g/kg,700 hPa 山东东部为干舌,有利于中层的干侵入,500 hPa 全省均处在显著湿区中,且有湿轴由西南方向我省淮北东部延伸;850 hPa 和 500 hPa 温差全省都小于 25℃,也没有明显的低层升温和高层降温,只有沿淮淮北较弱的冷槽和暖脊活动,说明大气没有很强的不稳定;从抬升条件看,700 hPa 和 850 hPa 都存在西南急流,925 hPa 为东南急流,带来充沛水汽,暴雨的落区在 700 hPa 切变线和低空急流之间,与 200 hPa 分流区和 500 hPa 急流轴位置有很好的对应。

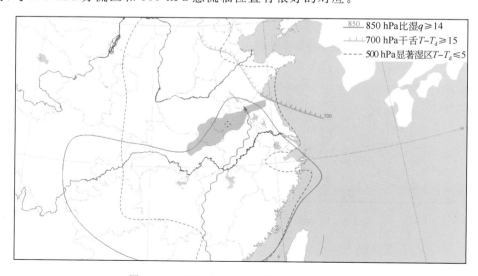

图 2-2-7　2008 年 4 月 19 日 20 时水汽条件

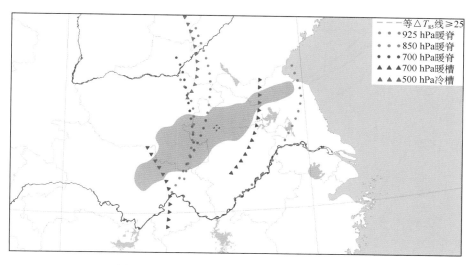

图 2-2-8　2008 年 4 月 19 日 20 时不稳定条件

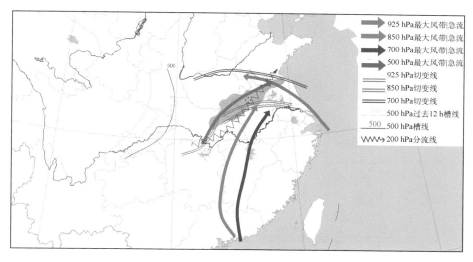

图 2-2-9　2008 年 4 月 19 日 20 时抬升条件

2.2.3　探空分析

由 19 日 08 时阜阳站探空分析可知,整层大气都比较饱和,湿层深厚,水汽条件好,风由低层到高层强烈顺转,暖平流较强,同时 A 指数达到 20℃,K 指数达 35℃(图 2-2-10)。由图 2-2-11 还可看出,在暴雨落区的两侧 A 指数的梯度很大。

2.2.4　卫星云图分析

由图 2-2-12 可知,19 日 02 时起,我省淮北地区有大片对流云系发展,到 08 时,湖北北部、河南南部、安徽北部和江苏北部的云系已经连成一线,并沿引导气流向东北方向移动,虽然后面几个时次强度有所减弱,但新生风暴的移动方向仍为东北,依次经过河南南部、安徽北部和江苏北部,具有明显的"列车效应",造成本次东西向分布的强降水过程。

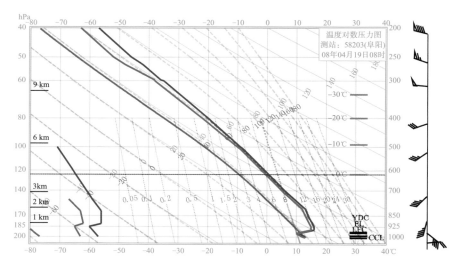

图 2-2-10   2008 年 4 月 19 日 08 时阜阳站探空图

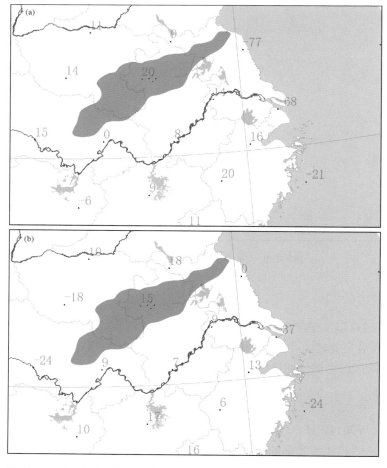

图 2-2-11   2008 年 4 月 19 日 08 时(a)和 20 日 08 时(b)A 指数(单位:℃)

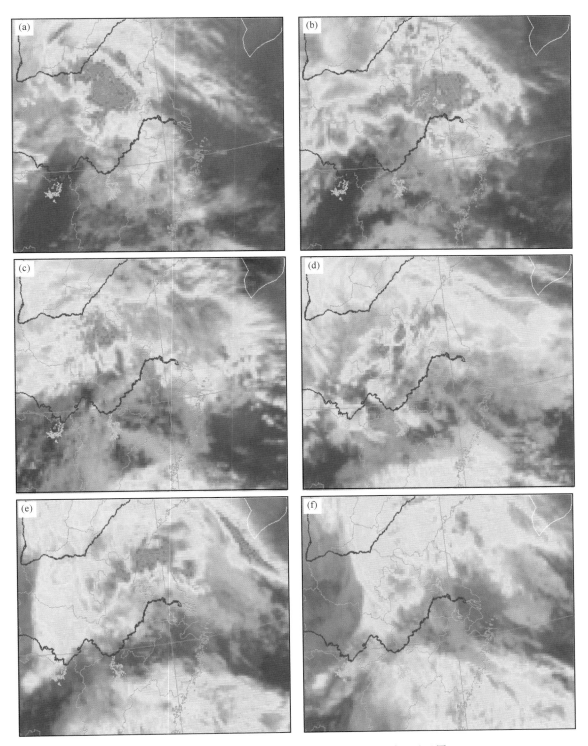

图 2-2-12　2008 年 4 月 19 日 02 时—20 日 08 时卫星云图

(a)19 日 02 时；(b)19 日 08 时；(c)19 日 14 时；(d)19 日 20 时；(e)20 日 02 时；(f)20 日 08 时

2.2.5 小结

(1)由于高压坝的阻挡作用,500 hPa低槽东移缓慢,降水持续时间较长,造成大范围的暴雨和大暴雨。

(2)强降水落区在西南涡移向的右前方,700 hPa切变线和低空急流之间,与200 hPa分流区和500 hPa急流轴位置有很好的对应。

(3)A指数对暴雨落区有很好的指示作用。

(4)强降水落区呈东北—西南向带状分布,"列车效应"是产生强降水的重要原因。

2.3 2014年7月4—5日 短时强降水

2.3.1 过程概述

1. 实况

2014年7月4日08时—5日08时,湖北东部、安徽中部和江苏中南部出现暴雨,部分地区大暴雨。

2. 特点

属短时强降水,部分站点雨强达120 mm/6 h,落区呈东北—西南向带状分布,范围大、强度强,最大降水量为200 mm,在安徽安庆。

从图2-3-1可以看出,暴雨落区呈东西带状分布,共10个站出现大暴雨。图2-3-2选取潜山和安庆两站的地面资料作降水时序图,发现主要的强降水时段在4日08—14时,最大雨强超过120 mm/6 h。图2-3-3说明雷暴落区集中在沿江江南。

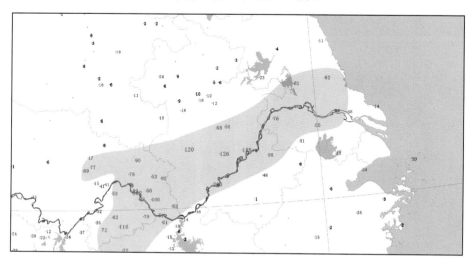

图2-3-1 2014年7月4日08时—5日08时24小时降水量(单位:mm)

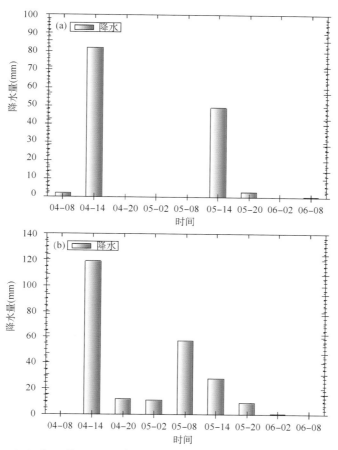

图 2-3-2　2014 年 7 月 4 日 08 时—6 日 08 时潜山站（a）和安庆站（b）降水时序图

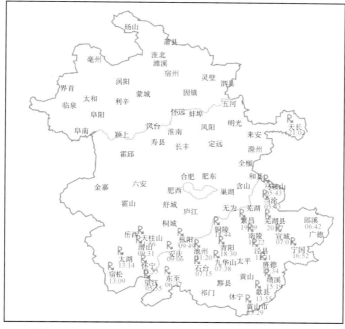

图 2-3-3　2014 年 7 月 4 日 08 时—5 日 08 时雷暴落区

2.3.2 成因分析

1. 环流形势

由图 2-3-4 和图 2-3-5 可知,4 日 08 时 500 hPa 低槽位于河套地区南部经四川盆地东部到云贵一线,700 hPa 西南涡位于湖北和湖南交界处,低涡位置略偏南,我省处于低涡前部,低层切变线位于我省淮河以南。到 4 日 20 时,500 hPa 低槽和低层西南涡有所东移,850 hPa 切变线北抬到江淮之间。

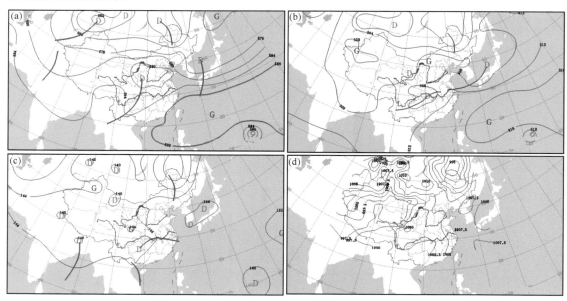

图 2-3-4　2014 年 7 月 4 日 08 时高空和地面形势场
(a)500 hPa;(b)700 hPa;(c)850 hPa;(d)地面

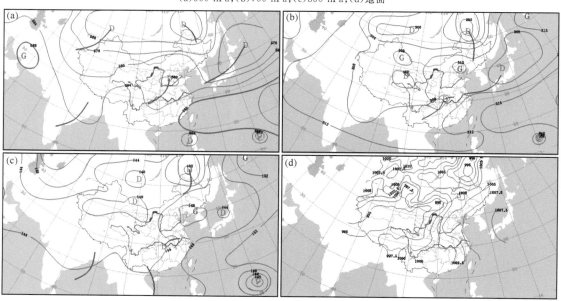

图 2-3-5　2014 年 7 月 4 日 20 时高空和地面形势场
(a)500 hPa;(b)700 hPa;(c)850 hPa;(d)地面

2. 中尺度分析

由图 2-3-6 至图 2-3-9 可知,我省整层大气湿度条件都较好,大别山区和江南 850 hPa 比湿都大于 12 g/kg,700 hPa 无明显干区,500 hPa 全省为显著湿区;淮北和江淮之间东部 850 hPa 与 500 hPa 温差超过 25℃,850 hPa 有弱的暖脊,700 hPa 我省西部有弱的冷槽活动,500 hPa 江南有降温,但低层没有明显升温;从抬升条件看,700 hPa 和 850 hPa 都存在西南急流,急流出口区位于湖北东部,700 hPa 切变线位于江淮之间到沿江东部,850 hPa 切变线位于江西北部,暴雨的落区在 700 hPa 切变线和低空急流之间,与地面辐合线位置有较好的对应。

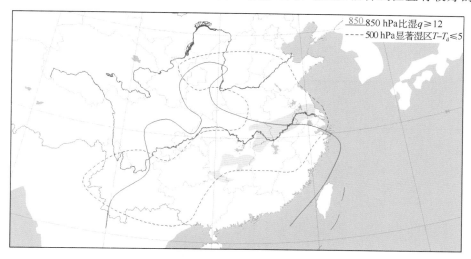

图 2-3-6　2014 年 7 月 4 日 08 时水汽条件

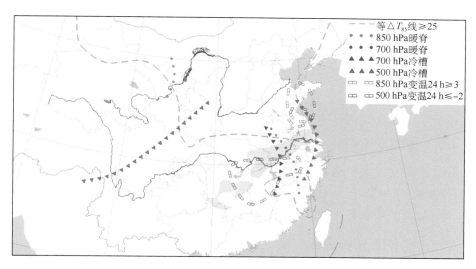

图 2-3-7　2014 年 7 月 4 日 08 时不稳定条件

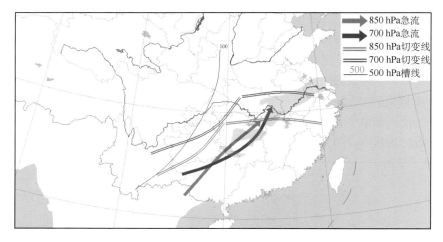

图 2-3-8　2014 年 7 月 4 日 08 时抬升条件

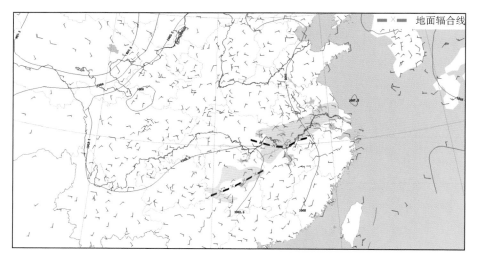

图 2-3-9　2014 年 7 月 4 日 08 时地面分析

2.3.3　探空分析

由 4 日 08 时安庆站探空分析可知,整层大气都比较饱和,湿层深厚,水汽条件好,A 指数达到 18℃,K 指数达 39℃,但是对流有效位能只有 419.3 J/kg,说明短时强降水只要水汽条件满足的话,不一定需要很强的不稳定能量(图 2-3-10)。

2.3.4　卫星云图分析

由图 2-3-11 可知,4 日 02 时起,在湖南北部有积云发展,随后低涡前部不断有新的对流云团生成发展并向东北方向移动,依次经过暴雨区,才造成本次东北—西南向分布的强降水过程。

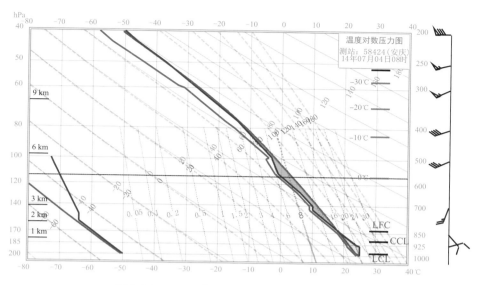

图 2-3-10　2014 年 7 月 4 日 08 时安庆站探空图

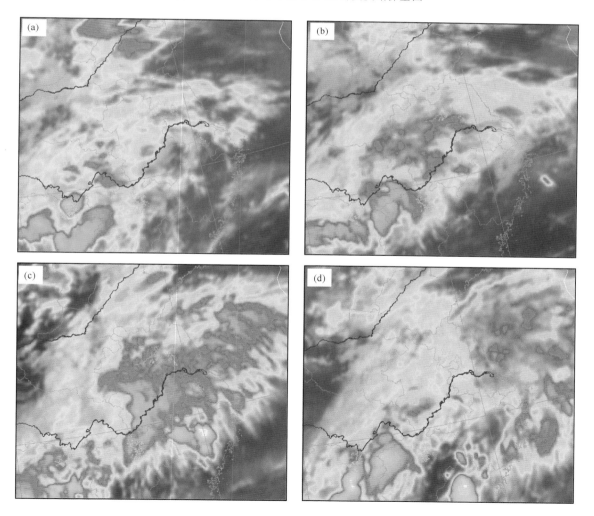

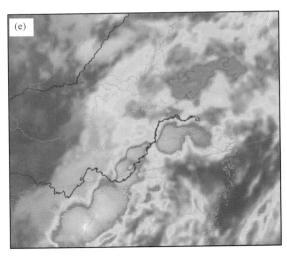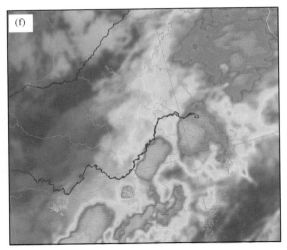

图 2-3-11   2014 年 7 月 4 日 02 时—5 日 08 时卫星云图
(a)4 日 02 时;(b)4 日 08 时;(c)4 日 14 时;(d)4 日 20 时;(e)5 日 02 时;(f)5 日 08 时

2.3.5   小结

(1)本次强降水过程范围大、强度强,具有明显短时强降水特点,最大雨强超过120 mm/6 h。

(2)强降水落区在 700 hPa 切变线和低空急流之间,与地面辐合线位置有较好的对应。

(3)本次过程以短时强降水为主,对流不稳定条件不是特别好,说明短时强降水并不需要很强的不稳定能量。

(4)强降水落区呈东北—西南向带状分布,不断有新的雨团生成并向东北移动是造成这一特征的主要原因。

2.4   2005 年 6 月 14—15 日   雷雨大风、冰雹

2.4.1   天气实况

2005 年 6 月 14—15 日,安徽、江苏沿江江北出现了大范围的雷雨大风、冰雹天气(图2-4-1)。

2.4.2   卫星云图分析

14 日,FY-2C 卫星云图动画显示,在我国东北有一涡旋云系,其后部不断有对流云系生成,并向东南方向移动。在 20 时(图 2-4-2)开始影响江苏,而后在其西部也有对流云系发展,给安徽也带来了雷雨大风天气。

2.4.3   影响系统

14 日 20 时高空观测表明,500 hPa 的槽线已经移到海上(图 2-4-3),其后部有冷空气向东南方向扩散,有利于大气不稳定层结的建立和维持。850 hPa 的切变线位于山东中部(图 2-4-4)。

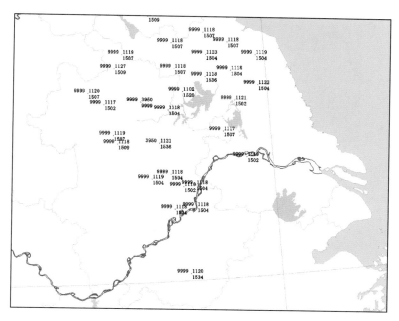

图 2-4-1　2005 年 6 月 15 日 08 时重要天气报

图 2-4-2　2005 年 6 月 14 日 20 时 FY-2C 卫星云图

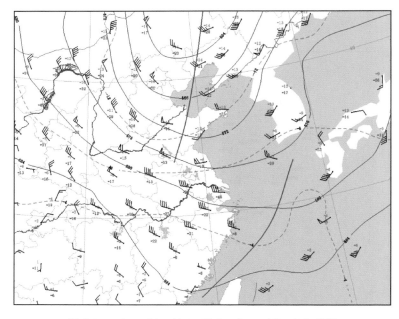

图 2-4-3　2005 年 6 月 14 日 20 时 500 hPa 高空观测

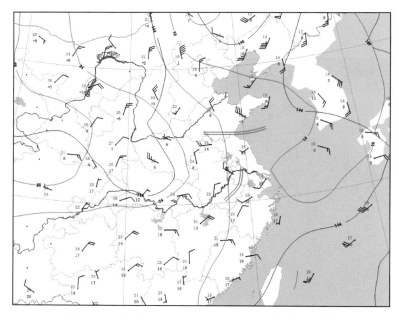

图 2-4-4　2005 年 6 月 14 日 20 时 850 hPa 高空观测

2.4.4　条件分析

20 时徐州站高空探测（图 2-4-5）表明，大气层结非常不稳定，SI 值达－5℃，CAPE 值达 2788 J/kg。垂直风切变大，且随高度顺转，有利于对流系统的发展和维持。0℃ 高度在 4000 m 左右。低层湿度较大，近地面露点温度达到 21℃。

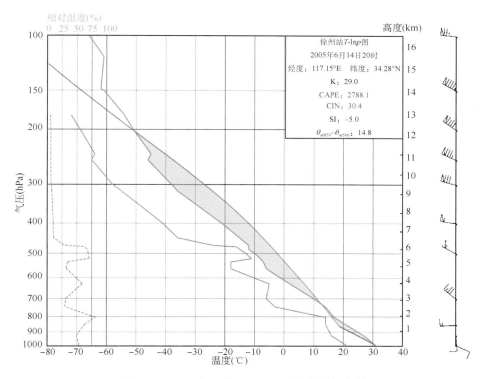

图 2-4-5　2005 年 6 月 14 日 20 时徐州站探空图

14 日 08 时中尺度综合分析表明,我国中东部 850 hPa 与 500 hPa 温差全部超过 25℃,且暖舌控制着河南山东一带。冷锋主要位于山东、河南北部,对流云系开始在暖区产生。午后近地面增温,在冷锋附近及其后部也开始有对流云系生成并向东南方向移动,影响江苏、安徽。

2.4.5　小结

14 日 14 时—15 日 08 时,受东北冷涡后部冷空气南下影响,我国中东部大气层结非常不稳定,且低层湿度较大,冷锋南下过程中,山东、江苏、安徽发生大片雷雨大风强对流天气,局地出现冰雹。

2.5　2005 年 6 月 20—21 日　雷雨大风

2.5.1　天气实况

2005 年 6 月 20 日 14 时,山东北部开始出现雷雨大风,随后逐渐向南移动,影响江苏、安徽北部,一直持续到 21 日凌晨(图 2-5-1)。

2.5.2　天气形势

6 月 20 日 08 时,500 hPa 上有一冷涡在我国东北地区维持,低压中心值达 564 dagpm(图 2-5-2)。江淮地区受冷涡后部冷平流影响,表明未来几小时内该地区中上层温度呈下降的趋势。天气尺度上,处于下沉气流的控制之下。

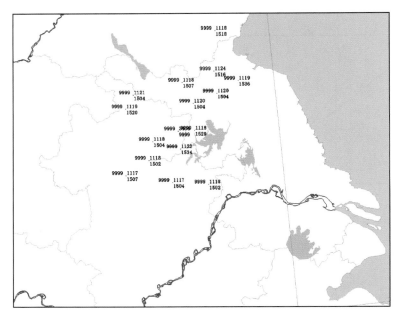

图 2-5-1　2005 年 6 月 21 日 08 时重要天气报

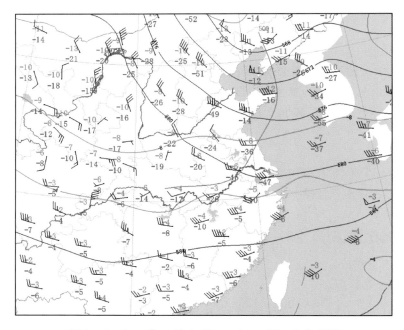

图 2-5-2　2005 年 6 月 20 日 08 时 500 hPa 高空观测

　　受青藏高原影响,850 hPa 上我国西部有一个暖中心,暖舌伸到安徽、江苏北部(图 2-5-3)。山东、河南以南处于湿区。综述,在低层,河南、山东、江苏、安徽处于暖湿气团控制之下。到 20 时,在山东、河南有气旋性环流生成。

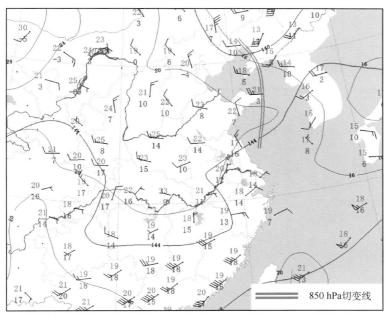

图 2-5-3　2005 年 6 月 20 日 08 时 850 hPa 高空观测

2.5.3　大气层结

6 月 20 日 08 时徐州站探空显示,大气层结非常不稳定,CAPE 值超过 2100 J/kg,K 指数为 20℃,SI 指数为－3.5℃(图 2-5-4)。

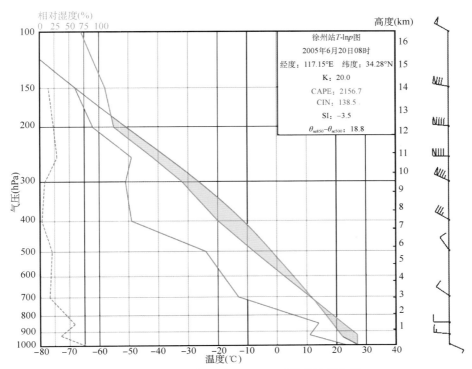

图 2-5-4　2005 年 6 月 20 日 08 时徐州站探空图

2.5.4　卫星云图分析

卫星云图显示,20 日 13 时在山东东部有一对流云团生成并发展加强,随后逐渐向南移动(图 2-5-5、图 2-5-6)。整个影响时间一直持续到 21 日早晨 08 时。

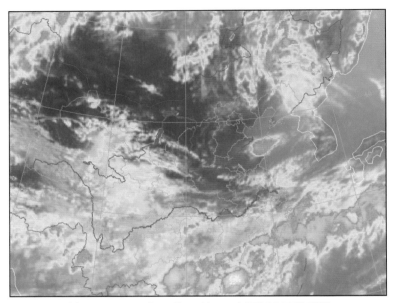

图 2-5-5　2005 年 6 月 20 日 13 时 FY-2C 卫星云图

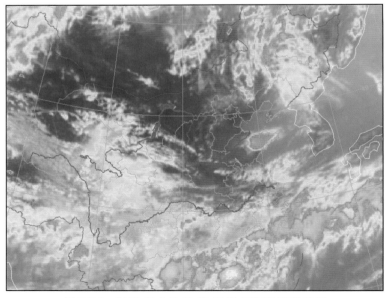

图 2-5-6　2005 年 6 月 20 日 22 时 FY-2C 卫星云图

2.5.5　小结

对流主要发生在东北冷涡后部冷空气和低层暖区交汇的地方,并且整层大气上干下湿,不稳定能量大。特点是高空冷平流明显,但是低层暖平流不清楚,对流主要发生在低层暖区里。

2.6 2008年6月3日 雷雨大风

2.6.1 天气实况

2008年6月3日14—20时,在河南中东部和安徽沿淮淮北出现了雷雨大风等强对流天气(图2-6-1)。

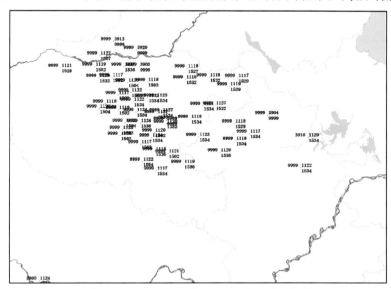

图2-6-1 2008年6月3日20时重要天气报

2.6.2 天气形势分析

6月3日08时500 hPa高空观测显示,在我国东北有深厚的冷涡,并不断有冷空气扩散南下。安徽、河南受其后部西北气流影响(图2-6-2)。

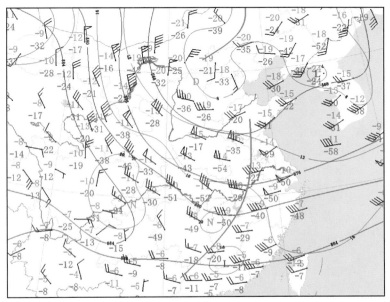

图2-6-2 2008年6月3日08时500 hPa高空观测

6月3日08时850 hPa高空观测显示,850 hPa位势高度低值中心基本与500 hPa重合,在山西中部到河南西部有一条冷式切变线(图2-6-3)。在切变线南侧有明显的暖平流。在河南和安徽北部是暖平流的大值区。

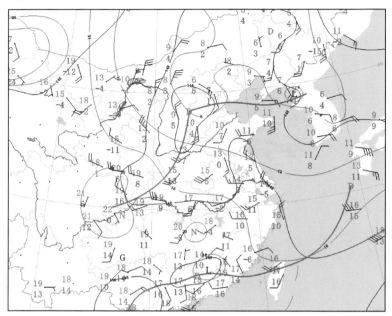

图 2-6-3 2008年6月3日08时850 hPa高空观测

2.6.3 卫星云图分析

6月3日的FY-2C卫星云图显示,冷涡对应明显的逗点云系,南段在午后16时左右开始有对流云团发展加强,并影响了河南和安徽。对流云系的分布和850 hPa的西风较一致。

图 2-6-4 2008年6月3日19时FY-2C卫星云图

2.6.4　大气层结

6月3日08时郑州探空(图2-6-5)显示此时大气层结较稳定,整层湿度较大,在500 hPa以上存在一个干层。垂直风切变较大,尤其在500 hPa到700 hPa之间。由于太阳辐射的作用,边界层在午后增温明显,导致大气层结不稳定。另一方面,上下层温度平流的差异,也会导致大气层结向不稳定的方向发展。

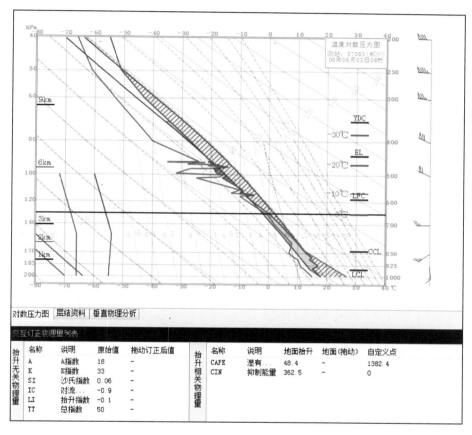

图 2-6-5　2008 年 6 月 3 日 08 时郑州站探空图

2.6.5　小结

这是一次典型的东北冷涡后部冷空气引起强对流天气的过程。中上层受冷涡后部的西北气流影响,低层处于切变线前的西南气流中。虽然早晨大气不稳定能量较小,但是随着上下温度平流的持续差异,使得大气层结在午后变得非常不稳定,对流主要发生在上下平流差异较大的区域。图2-6-5中设定的抬升气块的状态是午后地面最高气温(27℃)和露点温度(15℃),订正过后CAPE值达到了1382 J/kg,非常有利于对流天气的发生发展。

2.7　2009 年 2 月 24 日—3 月 5 日　高架雷暴

2.7.1　天气实况

本此过程持续时间长达 10 天以上,江苏、安徽、贵州、湖南、湖北、江西等省份均出现雷暴冰雹天气,局部地区还出现了冻雨天气。本次分析仅针对过程初期对我省有影响的 2009 年 2 月 24 日(图 2-7-1)。

2 月 24 日 14 时,冷锋位于浙江中部—江西中南部一带,雷暴区位于安徽、江苏沿江一带及河南中南部,雷暴区最南端与冷锋平均距离超过 200 km(图 2-7-2a)。

24 日中午至夜间,安徽东南、江苏西南、浙江北部部分站点出现了直径为 6～8 mm 的冰雹天气(图 2-7-2b)。

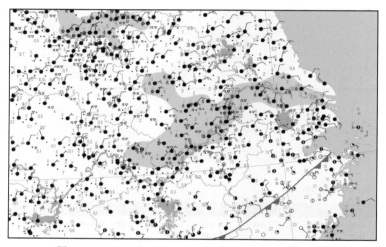

图 2-7-1　2009 年 2 月 24 日 14 时地面图和雷暴落区

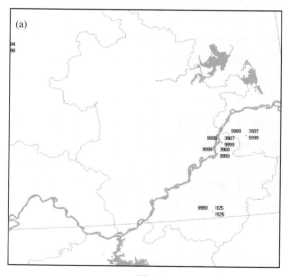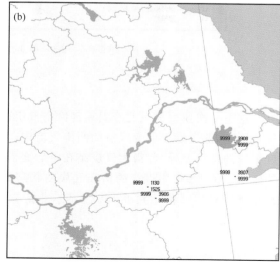

图 2-7-2　2009 年 2 月 24 日 14 时(a)和 20 时(b)特殊天气

2.7.2　天气形势分析

从 2009 年 2 月 24 日 08 时天气图(图 2-7-3)上可以看到,乌拉尔山附近维持一阻塞高压,从贝加尔湖到巴尔喀什湖为宽广的低槽区,贝加尔湖以东为东北冷涡,有冷空气堆积。孟加拉湾附近南支槽建立,槽前强盛的西南气流在冷空气团上爬升形成了本次高架雷暴天气过程。

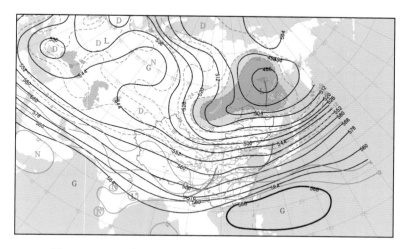

图 2-7-3　2009 年 2 月 24 日 08 时 500 hPa 高度场与温度场

从 24 日 08 时和 20 时 850 hPa 天气图上可以看出,850 hPa 切变线和低涡位置与雷暴落区位置有较好的对应关系,雷暴落区位于 850 hPa 切变线的附近或南侧(图 2-7-4、图 2-7-5)。

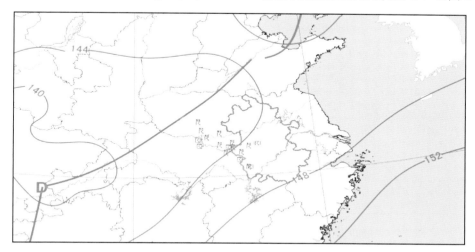

图 2-7-4　2009 年 2 月 24 日 08 时 850 hPa 天气图与地面观测

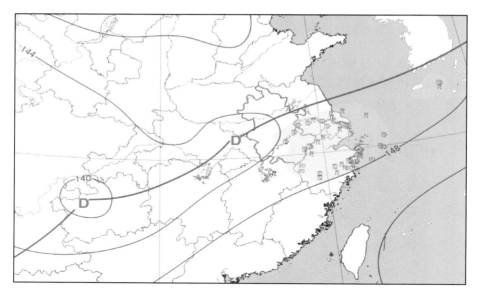

图 2-7-5   2009 年 2 月 24 日 20 时 850 hPa 天气图与地面观测

2.7.3   大气层结稳定度和触发机制

24 日 20 时,发生雷暴的安徽、江苏南部、浙江北部等地区的 700 hPa 温度露点差在 4 ℃ 以下,而 300 hPa 上则为一个干区,符合上干下湿的特点(图 2-7-6)。

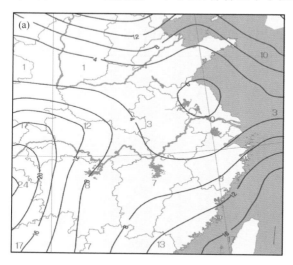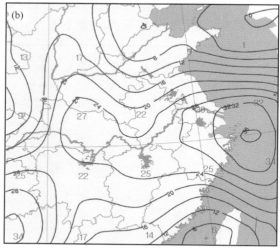

图 2-7-6   2009 年 2 月 24 日 20 时 700 hPa(a)和 300 hPa(b)温度露点差场

700 hPa 与 500 hPa 温差(图 2-7-7 中蓝色数字)均超过 16 ℃(使用 700 hPa 与 500 hPa 温差代替 850 hPa 与 500 hPa 的原因是因为高架雷暴发生时逆温层较高,850 hPa 可能位于逆温层下方),达到 17~20 ℃。一般认为 700 hPa 急流配合 500 hPa 西风槽和低层切变是高架雷暴的触发条件,图 2-7-7 中江苏、安徽南部、浙江北部一带的风速达到 28~32 m/s。

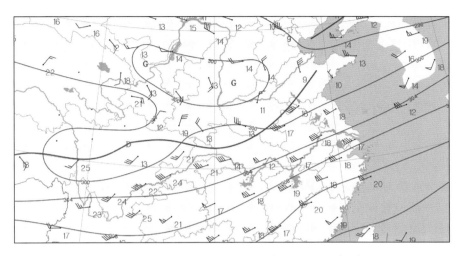

图 2-7-7　2009 年 2 月 24 日 20 时 700 hPa 天气图

2.7.4　物理量分析

冰雹发生前的 24 日 08 时,从距离冰雹落区较近的南京站的温度对数压力图(图 2-7-8)上可以看出:低层有深厚的逆温,逆温层高度高于 850 hPa,南京站的 K 指数、沙氏指数、CAPE

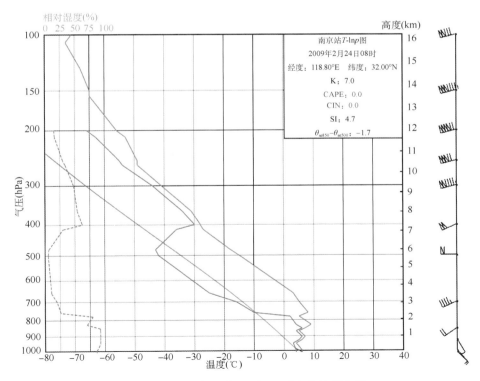

图 2-7-8　2009 年 2 月 24 日 08 时南京站探空图

等常用对流参数均没有达到对流天气指标,经过订正后的温度对数压力图上亦看不到明显的CAPE,对于这种没有对流能量而产生雷暴天气的原因,有些学者认为这是中尺度对称不稳定和低层锋生强迫而发生高架雷暴,但大部分学者还是保持谨慎态度,认为在没有更充分的证据前,这种现象可能是由于资料时空分辨率不足或者计算方法不够精确导致了这种假象(盛杰等,2013)。

2.8 2010年2月24—28日 高架雷暴

2.8.1 天气实况对比

本次高架雷暴天气过程持续时间长,2010年2月28日前,雷暴落区主要在长江以南南北移动,28日,受新一轮冷空气影响,从黄河以南的华东地区自北向南出现雷暴天气,同时还伴有冰雹,部分地区还出现了冻雨和大雪天气。本次分析围绕25日与28日高架雷暴天气的异同进行重点分析。

25日20时,雷暴集中在江南地区,而28日20时,雷暴落区集中在淮河流域,河南东部、山东大部、安徽北部、江苏北部还出现冻雨和冰雹天气,随着冷空气南移,江苏大部出现雷暴天气,部分站点出现冰雹天气(图2-8-1)。

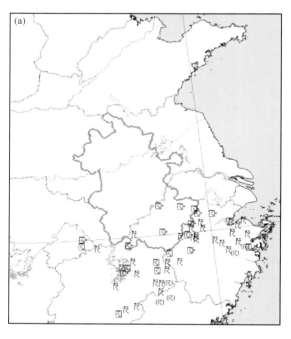
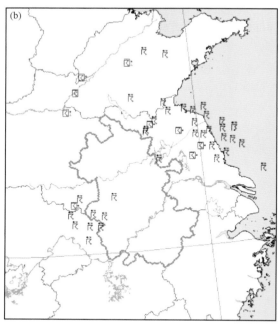

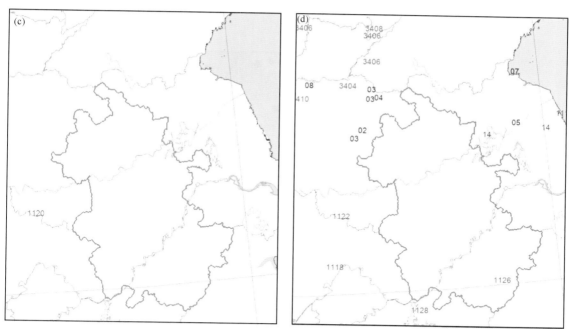

图 2-8-1　2010 年 2 月 25 日 20 时强天气(a)、2 月 28 日 20 时强天气(b)、
2 月 25 日 20 时特殊天气(c)、2 月 28 日 20 时特殊天气(d)

2.8.2　地面图对比

25 日和 28 日在地面冷锋后均出现了雷暴天气,但 28 日冷空气明显强于 25 日的冷空气,且有锋面气旋生成,在锋面北侧部分站点还出现了"雷打雪"现象,28 日的对流也明显强于 25 日(图 2-8-2、图 2-8-3)。

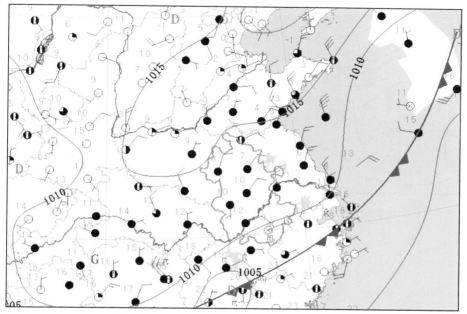

图 2-8-2　2010 年 2 月 25 日 20 时地面天气图

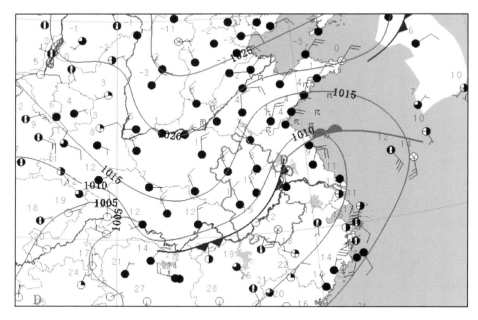

图 2-8-3　2010 年 2 月 28 日 20 时地面天气图

2.8.3　高空形势对比

2 月 25 日和 28 日我省均处在南支槽前,28 日相比 25 日槽前西南气流更强盛。相比 25 日 20 时,28 日 20 时 700 hPa 西南急流位置明显偏北,风速更大,苏皖北部地区更是达到了 24 m/s(图 2-8-4、图 2-8-5)。

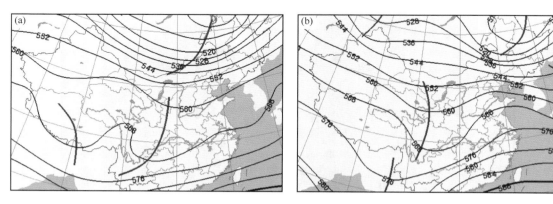

图 2-8-4　2010 年 2 月 25 日(a)和 28 日(b)08 时 500 hPa 高度场

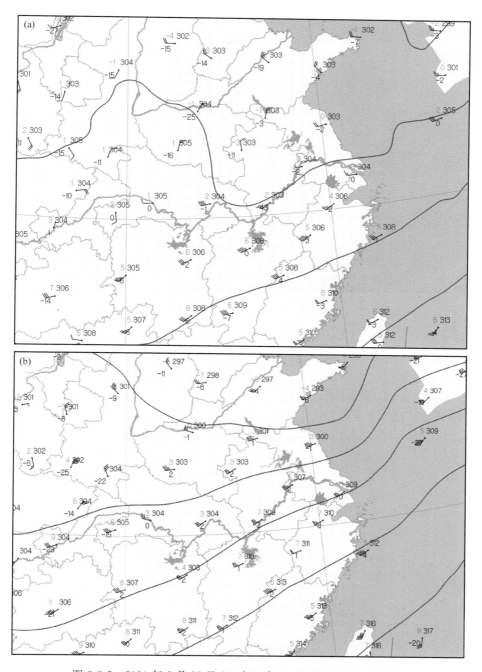

图 2-8-5 2010 年 2 月 25 日 20 时(a)和 28 日(b)700 hPa 天气图

2.8.4 物理量对比

相对湿度上,25 日与 28 日雷暴发生区域的 700 hPa 相对湿度均大于 70%,但 28 日的相对湿度更大,达到了 80%～100%(图 2-8-6)。

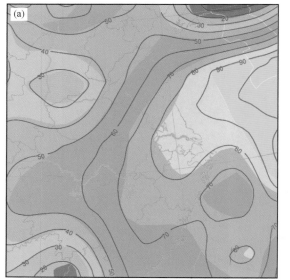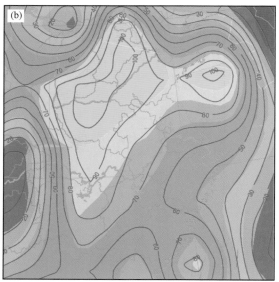

图 2-8-6　2010 年 2 月 25 日(a)和 28 日(b)20 时 700 hPa 相对湿度

　　雷暴天气发生前的 25 日 08 时与 28 日 08 时,700 hPa 与 500 hPa 温差均大于 16℃,但 28 日 08 时温差更大,苏皖北部达到了 22℃(图 2-8-7)。对流参数方面:这两次雷暴天气过程的逆温层高度均未超过 850 hPa,所以大部分对流参数还是适用的,但 CAPE 和 CIN 等对流参数就不能适用。经订正后,28 日 20 时南京站的 CAPE 值超过了 1000 J/kg,而 25 日杭州站却几乎没有 CAPE(图 2-8-8、图 2-8-9)。

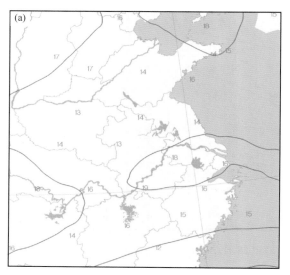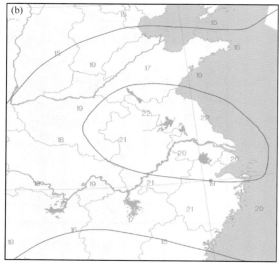

图 2-8-7　2010 年 2 月 25 日(a)和 28 日(b)08 时 700 hPa 与 500 hPa 温差

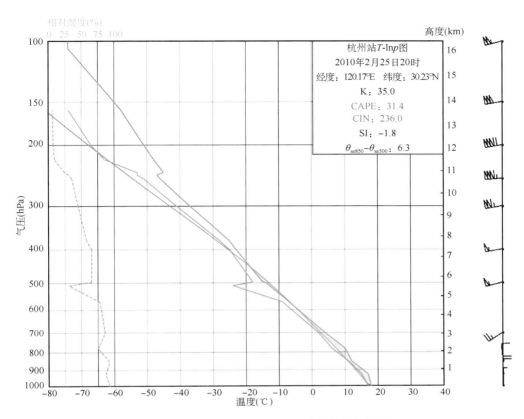

图 2-8-8 2010 年 2 月 25 日 20 时杭州站探空图

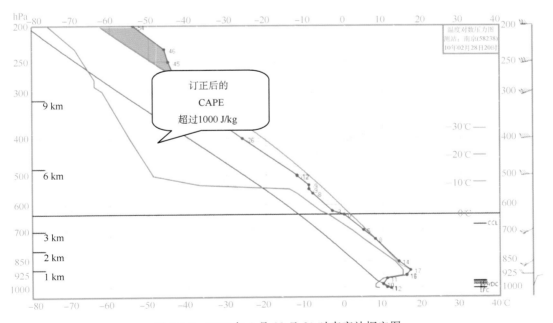

图 2-8-9 2010 年 2 月 28 日 20 时南京站探空图

2.8.5 对流参数应用

从图 2-8-10 中可以看出,由于逆温层顶高度在 850 hPa 以下,很多对流参数可以适用,如 $K=(T_{850}-T_{500})+T_{d850}-(T-T_d)_{700}$ 反映的是 850 hPa 到 500 hPa 的温湿情况。$SI=T_{500}-T'$(式中,T' 是 850 hPa 等压面上的湿空气块沿干绝热线上升达到抬升凝结高度以后再沿着湿绝热线上升至 500 hPa 时具有的温度)。计算 CAPE 时的气块是从地面层(最低层)开始抬升,由于地面层气块比较稳定,导致得到的 CAPE 值较小,甚至为 0,这不能反映大气层结的真实状态,将抬升层设置到适当高度后,可以看到南京站附近具有近1000 J/kg 的 CAPE。

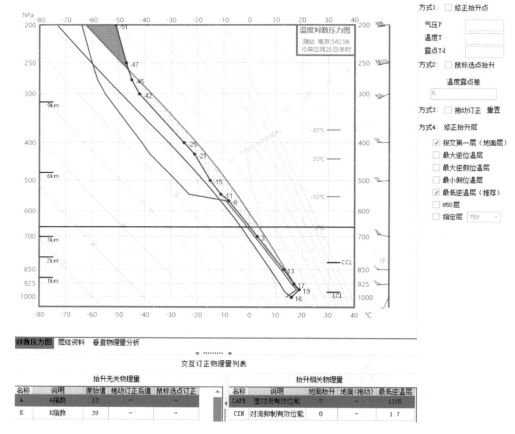

图 2-8-10 2010 年 2 月 27 日 08 时南京站订正探空图

2.9 2006 年 6 月 10 日 冰雹

2.9.1 天气实况

2006 年 6 月 10 日 08 时,安庆、桐城等地出现冰雹大风天气,冰雹最大直径达 25 mm(图 2-9-1)。14 时,黄山景区出现冰雹大风天气,黟县、旌德、绩溪和浙江北部大部分地区出现大风天气(图 2-9-2)。20 时,黄山景区和黟县出现冰雹天气,浙江局部、江西局部地区出现冰雹大风天气,本次过程中降水不明显。这是一次典型的"干冷类"冰雹天气过程。

图 2-9-1 2006 年 6 月 10 日 08 时特殊天气

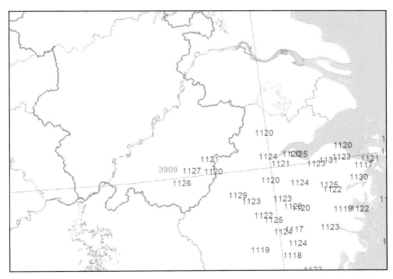

图 2-9-2 2006 年 6 月 10 日 14 时特殊天气

2.9.2 成因分析

9 日 20 时—10 日 20 时东北冷涡后部的西北气流携带干冷空气南下(图 2-9-3、图 2-9-4)。9 日 20 时,850 hPa 升温,500 hPa 降温,层结变得更加不稳定(图 2-9-5)。

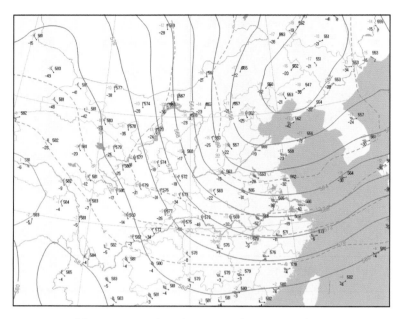

图 2-9-3　2006 年 6 月 9 日 20 时 500 hPa 天气图

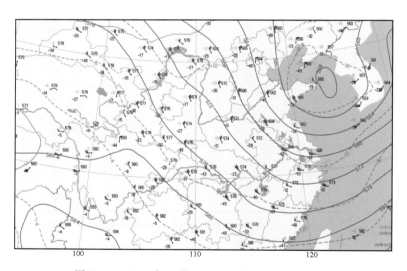

图 2-9-4　2006 年 6 月 10 日 20 时 500 hPa 天气图

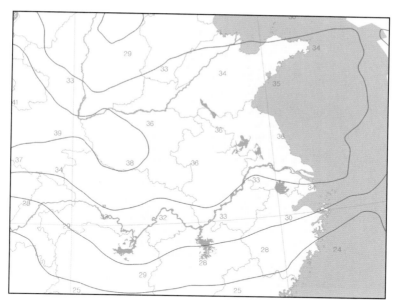

图 2-9-5　2006 年 6 月 9 日 20 时 850 hPa 与 500 hPa 温度差

华北、华东、华中地区 850 hPa 与 500 hPa 温差基本都超过 28℃，大气层结十分不稳定。

9 日 20 时，925 hPa 上华东地区被暖脊控制，江淮地区有辐合线，此辐合线为强对流的发生提供了触发条件（图 2-9-6）。

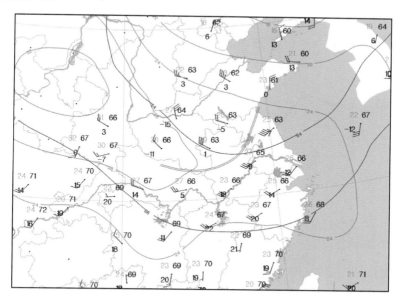

图 2-9-6　2006 年 6 月 9 日 20 时 925 hPa 天气图

2.9.3　中小尺度系统分析

从图 2-9-7 可以看出，05 时，大别山区发展形成一中尺度系统，此系统影响区域地面有较大的 3 小时正变压，并有雷暴现象发生，可初步判断此系统为雷暴高压。

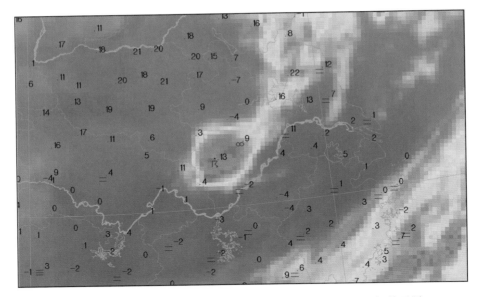

图 2-9-7 2006 年 6 月 10 日 05 时地面 3 小时变压和 FY-2C 红外云图

10 日 08 时前后,此系统经过安庆站,从安庆站地面三线图(图 2-9-8)可以看出,在 08 时前后安庆站地面气压陡升,气温陡降,风向突变,由此可确定此系统为雷暴高压。

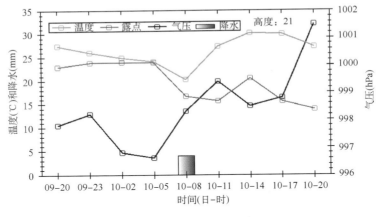

图 2-9-8 安庆站地面三线图

2.9.4 物理量分析

9 日 20 时安庆站探空图(图 2-9-9)上,中低层风随高度顺转,垂直风切变明显,近地面层暖湿,高层干冷,0℃ 层高度在 600 hPa 以下,－20℃ 层高度在 400 hPa 左右,且有较大的 CAPE 值。安庆站附近有非常适合降雹的环境条件,K 指数较小的原因是 850 hPa 到 500 hPa 较干,SI 指数为较大正值的原因是 850 hPa 湿度低。

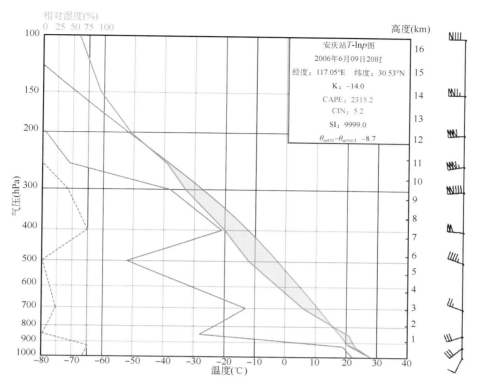

图 2-9-9　2006 年 6 月 9 日 20 时安庆站探空图

2.10　2005 年 8 月 17—18 日　大风冰雹

2.10.1　天气实况

由图 2-10-1 可以看出,2005 年 8 月 17 日 14 时至夜间,江苏东部、南部和安徽东南部、浙江北部相继出现大风天气,宣城最大风速达 29 m/s,郎溪站还出现了直径 8 mm 的冰雹。从图 2-10-2 可以看出,此次过程还伴随短时强降水,17 日 14—20 时,江苏部分站点 6 小时降水量超过 50 mm,最大达 109 mm,安徽东南部部分站点接近或超过 50 mm。由此可见,本次过程是一个"湿对流"过程。

2.10.2　成因分析

从 500 hPa 高度场和红外云图(图 2-10-3、图 2-10-4)上可以看到,早晨 08 时我国东北—内蒙古—河套一带有一高空槽存在,槽前有明显的冷锋云系,我国中东部大部地区高度在 584～588 dagpm,随着 500 hPa 槽线东移南压,苏皖一带高度略有下降,在槽前不断激发出对流系统。

发生对流的苏、皖、浙都处于 850 hPa 温度场暖中心中(图 2-10-5),而 500 hPa 上为冷槽南下,因此,大气层结变得十分不稳定。

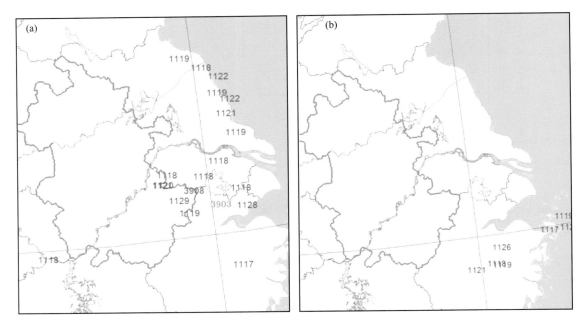

图 2-10-1　2005 年 8 月 17 日 20 时(a)和 18 日 08 时(b)特殊天气

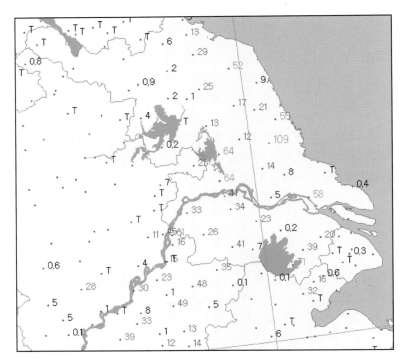

图 2-10-2　2005 年 8 月 17 日 14—20 时降水量(mm)

图 2-10-3 2005 年 8 月 17 日 08 时 500 hPa 高度场和红外云图

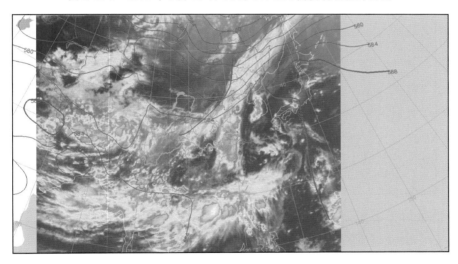

图 2-10-4 2005 年 8 月 17 日 20 时 500 hPa 高度场和红外云图

17 日早晨,江苏、安徽东部、浙江北部有轻雾(图 2-10-6),引起地面不均匀加热,有利于午后对流的发展。同时轻雾天气表明近地面层有逆温存在,边界层内湿度条件较好,这些也为对流天气的发生提供了有利条件。

850 hPa 和 925 hPa 都有较明显的辐合线,中低层的辐合线和干线是本次对流的触发条件(图 2-10-7、图 2-10-8)。

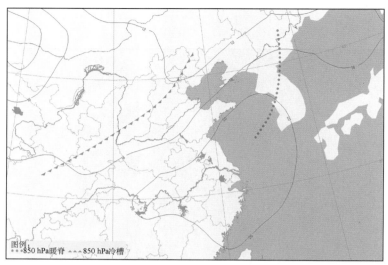

图 2-10-5　2005 年 8 月 17 日 08 时 850 hPa 温度场

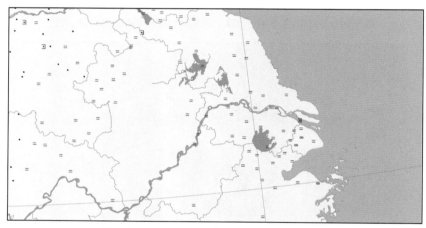

图 2-10-6　2005 年 8 月 17 日 08 时地图填图

图 2-10-7　2005 年 8 月 17 日 08 时 850 hPa 风场

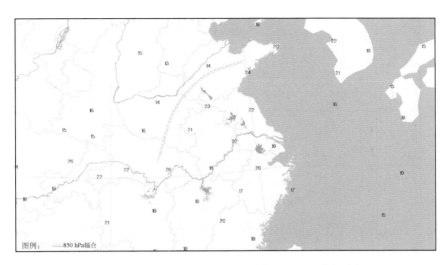

图 2-10-8　2005 年 8 月 17 日 08 时 925 hPa 露点温度

14 时前后,地面锋线射阳—南京—安庆一带,而锋前露点温度基本在 20℃以上,水汽充沛。江西—浙江中东部维持一地面倒槽,有利于强降水的产生(图 2-10-9)。

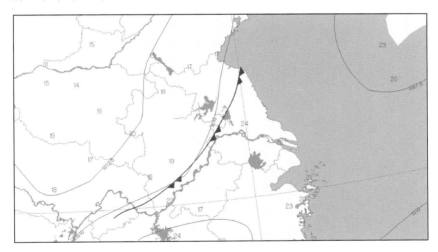

图 2-10-9　2005 年 8 月 17 日 14 时地面气压场和露点温度

如图 2-10-10 所示,南京站 CAPE 值达到 1800 J/kg 以上,且大部分能量集中在 0℃层以上,CIN 也较为适宜。有较好的 0℃ 和 −20℃ 高度,0～6 km 高度上风随高度顺转。这些都是冰雹产生的有利条件。另外,此次过程部分站点的温度对数压力图是"喇叭口"形状,有利于大风天气的形成。

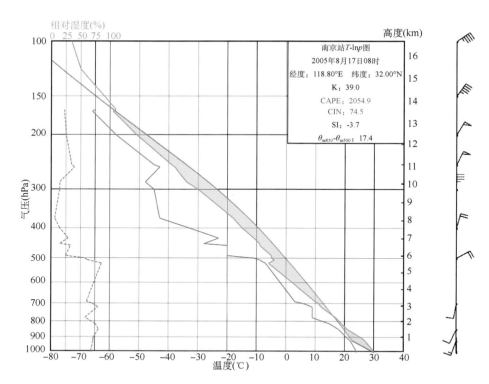

图 2-10-10　2005 年 8 月 17 日 08 时南京站探空图

第 3 章 寒潮

概　述

寒潮是安徽省冬半年主要灾害性天气,它关系到季节推迟或提前,甚至是反常气候的重要标志。寒潮天气通常会造成剧烈降温和大风,有时还伴有雨、雪、雨凇或霜冻,其中常与寒潮天气相伴发生的暴雪、冻雨天气对农业、牧业、交通、电力影响较大,往往会造成巨大损失。

24 小时内降雪量 0.1~2.4 mm 为小雪;2.5~4.9 mm 为中雪;5.0~9.9 mm 为大雪;超过 10 mm 以上的为暴雪。

我省大雪、暴雪天气的形成原因与暴雨类似,都是由于冷暖气团的相遇,同时又有充足的水汽条件,但是暴雪与暴雨又略有不同。一是暴雪需要一定的温度条件,地面温度一般要下降到 2℃ 或以下,再配合中低层的温度条件,才能出现降雪,从而有可能出现暴雪。二是出现暴雪对水汽含量及输送的条件没有暴雨高,只要温度条件满足并有一定的水汽输送就可能产生暴雪。三是暴雪的中低层风场和温度场与暴雨略有区别,如 850 hPa 常常没有西南急流、大气的斜压性要明显强于暴雨等。

安徽省暴雪预报着眼点:

(1)产生暴雪时,地面一般都有冷空气南下,海平面气压场上我省一般都位于高压的南侧或东南侧,等压线走向均为东北—西南走向,且等压线较为密集。

(2)500 hPa 上环流形势与暴雨类似,我省受槽前西南气流影响,同时一般 568 dagpm 线经过我省,我省以西常有冷温度槽存在。

(3)700 hPa 有明显的西南急流和等温线密集带存在,高度场形势基本分为南北槽型和北高压南低槽(切变线型)两种。

(4)850 hPa 风场与暴雨略有区别,有低涡或切变线,但不一定有西南急流,反而在暴雪区北部常出现偏东急流;温度场上,从华北到贵州则有明显的冷槽,有时在华北地区还有冷中心存在,但不一定有明显的等温线密集带。

(5)暴雪区从 850~700 hPa 有非常明显的风向、风速垂直切变。

(6)我省降雪有利的温度条件的垂直分布为:$T_s \leqslant 4℃$、$T_{850} \leqslant -3℃$、$T_{700} \leqslant 0℃$、$T_{500} \leqslant -12℃$;暴雪过程在 2~3 km 高度上存在明显逆温现象,但是一般温度都在 0℃ 以下。

本章分别选取了 4 个暴雪个例、2 个冻雨个例进行分析,按照不同的天气系统分类,着重对暴雪、冻雨的成因及各自特点进行分析。

3.1 2008 年 1 月 25—29 日 横槽暴雪

3.1.1 天气实况

2008 年 1 月 10 日以来,安徽连续发生了 4 次全省性降雪(1 月 10—16 日、18—22 日、25—29 日,2 月 1—2 日),造成大面积的雪灾。其中 1 月 25 日夜里到 29 日,全省出现新中国成立以来罕见的暴雪天气。1 月 29 日 08 时全省积雪最深时,有 25 个县(市)的积雪深度超过 30 cm,8 个县 (市)超过 40 cm,分别是金寨(54 cm)、霍山(50 cm)、滁州(47 cm)、舒城(45 cm)、合肥(44 cm)、巢 湖(44 cm)、和县(41 cm)和马鞍山(41 cm)。同时,大别山区和江南出现大范围的冻雨天气,电线 积冰直径普遍在 10 mm 左右,黄山光明顶最大,为 61 mm。1 月 29 日 08 时起,全省雨雪减弱南 压,江北大部分地区天气转好。

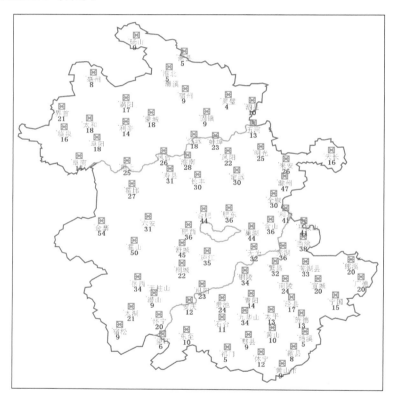

图 3-1-1 2008 年 1 月 29 日 08 时安徽省各站积雪深度(单位:cm)

3.1.2 成因分析

1. 500 hPa 天气形势

2008 年 1 月中旬开始,500 hPa 高空图上中高纬度地区的大气环流形势表现为稳定的两 槽一脊,贝加尔湖以西维持一阻塞高压,这种大气环流形势持续维持了 20 多天。1 月 26 日 08 时至 29 日 08 时,500 hPa 高空图(图 3-1-2)上,中高纬度始终为两槽一脊,在巴尔喀什湖附近始终维持一个－44～－40℃的冷涡,从冷涡中心到蒙古东部地区有一横槽,槽后不断有冷空气扩散南下入侵江淮地区,为持续降雪天气提供了冷空气条件。同时,西太平洋副热带高压较历年偏强偏北,120°E 西太平洋副热带高压脊线一直位于 15°～18°N,暖脊一直伸到淮北地区,江淮地区处于强盛的西南暖湿气流中,青藏高原中部到孟加拉湾一线南支槽稳定活跃,为安徽地区的强降雪天气提供了充足的水汽来源。冷暖空气交汇,造成了安徽地区严重的低温、暴雪、冻雨灾害。1 月 29 日,东北冷涡减弱东移,安徽地区降雪天气过程结束。

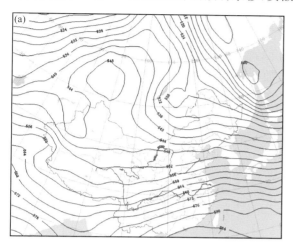 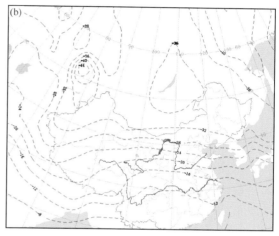

图 3-1-2　2008 年 1 月 27 日 20 时 500 hPa 高度场(a)和 27 日 08 时 500 hPa 温度场(b)

2. 低空急流

2008 年 1 月 25 日开始,700 hPa 上西南急流开始加强且急流带向北发展。1 月 27—29 日,700 hPa 上有一低空急流轴位于贵阳—安庆一线并维持(图 3-1-3),急流带上平均风速接近 30 m/s,1 月 29 日 08 时急流减弱消失。同时 850 hPa 上长江中下游地区有一条东北—西南向

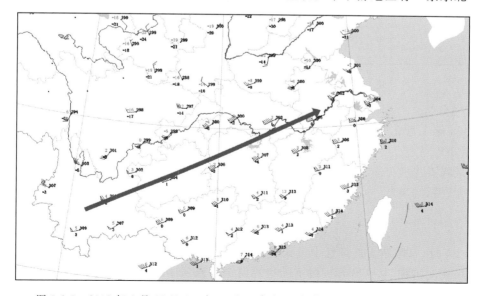

图 3-1-3　2008 年 1 月 27 日 20 时 700 hPa 高空观测(箭头表示 700 hPa 急流轴)

的弱冷性切变线,切变线南部有一支最大风速为 26 m/s 的西南急流。低空西南急流向江淮地区输送水汽,为持续强降雪天气提供了必要条件。

3. 低涡切变

850 hPa 高空形势上偏东风和西南风强烈辐合于长江中下游地区,并在江淮地区产生中尺度低涡。2008 年 1 月 25 日 08 时—28 日 08 时,四川盆地维持一西南涡,低涡沿切变线东移,在江淮地区之间形成明显的低涡闭合系统。受低层低涡切变影响,长江中下游大气层结不稳定度增加。与该低涡发展相对应,在安徽地区产生连续 2 天罕见的暴雪天气。

4. 水汽条件

暴雪的发生发展需要充足的水汽供应。在这次暴雪过程中,从孟加拉湾经中南半岛有一支强的西南气流水汽输送带一直伸展到江淮流域,孟加拉湾的暖湿水汽源源不断地往北到东北方向输送,使得暖湿水汽与北方冷空气持续在安徽江淮地区交汇。从 2008 年 1 月 26 日 08 时 700 hPa 高空观测可以看到,沿长江两侧露点温度差都在 2℃左右,为水汽饱和区(图 3-1-4)。

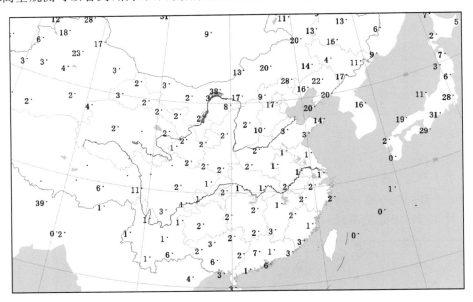

图 3-1-4　2008 年 1 月 26 日 08 时 700 hPa 露点温度差

5. 云图分析

从 2008 年 1 月 27 日 20 时的红外云图可以看到,强降雪云系的亮度较发生强降雨时的亮度要弱(图 3-1-5)。

从安徽降雪强度分布上看,合肥以北降雪强度普遍比合肥以南大,即云图上亮度较大的区域降雪量大(图 3-1-5)。

3.1.3　探空分析

27 日 20 时,阜阳站为连续性中雪天气,从探空曲线的风的垂直变化来看,阜阳站上空有明显垂直风切变特征:从 925 hPa 以下的边界层至对流层中上层,由 1～4 m/s 的偏北风迅速转为 40 m/s 以上的西南风,旋转夹角超过 180°(图 3-1-6)。

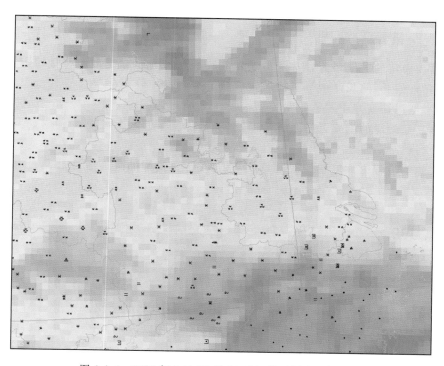

图 3-1-5　2008 年 1 月 27 日 20 时红外云图和天气现象

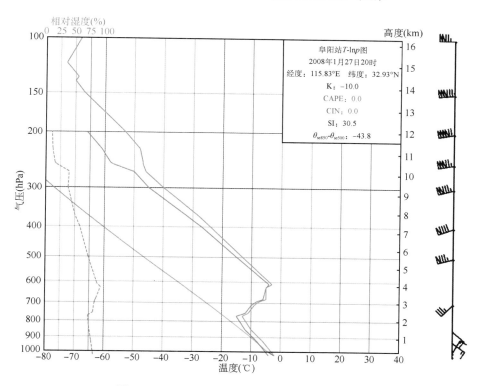

图 3-1-6　2008 年 1 月 27 日 20 时阜阳站探空图

3.1.4　小结

(1)持续而稳定的大气环流异常是出现大范围低温雨雪冰冻灾害的直接原因。西太平洋副热带高压异常偏北,向长江中下游输送大量暖湿空气,冷暖空气交汇,导致低温暴雪灾害天气出现。低层低涡切变是主要影响系统。

(2)青藏高原南缘的南支低槽系统活跃,进一步加剧了暖湿气流向北输送,为暴雪形成提供了充足的水汽。

(3)此次暴雪过程中大气各层温度均在0℃以下,为典型的降雪温度层结;同时伴有强烈的垂直风切变。

3.2　2009 年 11 月 15—16 日　横槽转竖暴雪

3.2.1　天气实况

受北方强冷空气影响,2009 年 11 月 15—16 日,安徽自北向南出现了明显雨雪天气过程,暴雪区主要位于江淮之间和沿江江南中北部地区。江淮之间南部、沿江和本省山区有 14 个县(市)过程最大积雪深度超过 20 cm,其中九华山 46 cm、霍山 34 cm、庐江 33 cm、舒城 31 cm、肥东 30 cm、合肥 24 cm(图 3-2-1)。

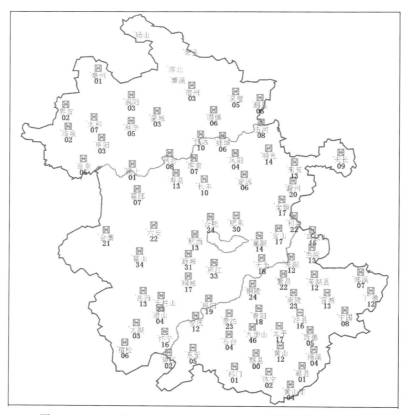

图 3-2-1　2009 年 11 月 15—17 日过程最大积雪深度(单位:cm)

此次过程中,最大 48 小时降温过程出现在 15—17 日,全省平均气温下降 4.4℃,合肥以南地区普遍下降超过 5.0℃。过程最低气温:沿淮淮北中西部−3.9～−2.0℃,沿江江南大部 0～0.9℃,其他地区−2.0～0℃。

综合分析过程特点,此次暴雪天气过程出现时间早,降雪范围广,积雪深度大,但寒冷程度一般。

3.2.2　天气形势分析

本次全省雨雪天气是由蒙古横槽转竖,冷空气主体南下造成的。

14—15 日,蒙古上空维持一横槽,冷空气在此堆积,中心最低温度达−40℃左右。横槽逐渐加深,两侧的风速也明显加强,为 12～24 m/s。同时地面上在新疆北部一直维持一个强冷高压中心,不断有小股冷空气从西北路径(中路)扩散南下,我省等压线一直比较密集。全省云系较多,平均温度淮北为 0℃左右,淮河以南为 2～5℃。

16 日,蒙古横槽开始转竖南下,同时四川有一南支槽东移;对流层低层有低槽切变线自西向东影响我省,同时有西南低空急流带来丰富水汽(图 3-2-2 至图 3-2-4)。对流层低层全省相对湿度增大到 90%以上,湿度条件和系统配置较好,因此降水明显。从海平面气压场上看,新疆北部高压中心达 1060 hPa,冷空气主体开始从中路南下影响我省,我省平均风力增大,降温明显,南部降温幅度略大于北部,局部降温达到 6℃(图 3-2-5)。850 hPa 温度场显示,16 日全省温度低于 0℃,北部低于−8℃。相应的全省大部分地区地面温度为 0℃或以下,因此全省自北向南先后转雪,江淮之间到江南中部出现暴雪。

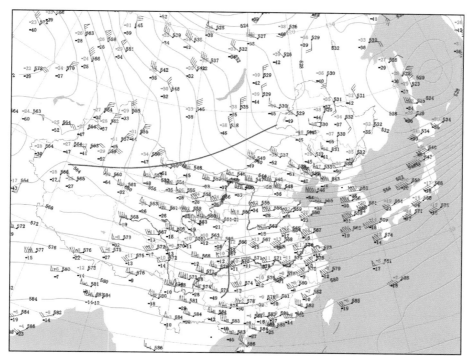

图 3-2-2　2009 年 11 月 16 日 08 时 500 hPa 高度场

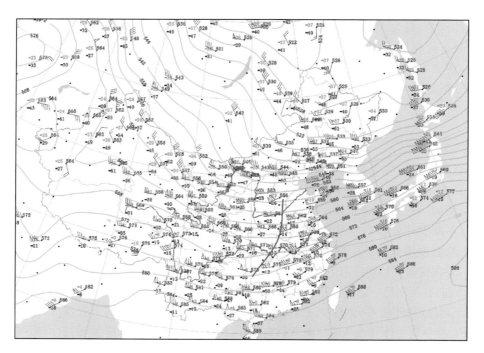

图 3-2-3 2009 年 11 月 16 日 20 时 500 hPa 高度场

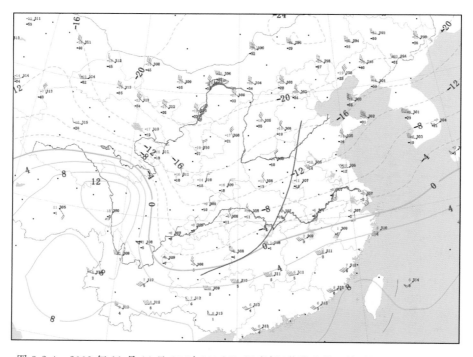

图 3-2-4 2009 年 11 月 16 日 20 时 700 hPa 温度场(黄线为等温线,棕线为温度槽线)

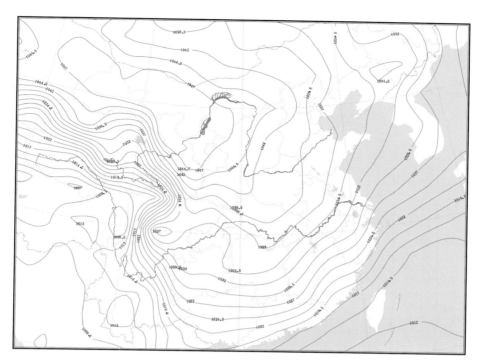

图 3-2-5　2009 年 11 月 16 日 20 时海平面气压场

17 日,低槽东移,东亚大槽建立,我省处于槽后西北气流控制,地面冷高压中心的前部控制安徽,等压线变得稀疏,雨雪过程基本结束。18 日,受冷空气持续影响,我省最低温度达到过程最低,为一5~一2℃。

3.2.3　探空分析

从单点的探空分析发现,15 日 08 时(图略)阜阳、安庆的中低层湿度均较小,全省云系较多无降水;地面温度阜阳 1℃,安庆 5℃。15 日 20 时(图 3-2-6),全省湿度明显增大,阜阳站地面温度为 0℃,大气层结的温度均在 0℃以下,同时 400 hPa 以下相对湿度均在 80%以上,是安徽出现降雪的典型温度层结,此时沿淮淮北和江淮中西部出现降雪天气;而安庆地面温度为 1℃,850~925 hPa 有逆温层,850 hPa 为 0℃,此时沿江江南仍为降雨天气。到 16 日 08 时,随着温度进一步下降,安庆整层的温度层结均在 0℃以下,也出现了降雪温度层结,此时沿江江南自北向南逐渐转雪,至 16 日 20 时全省均出现了降雪天气。

3.2.4　小结

通过以上分析可知,此次暴雪过程发生在有利的天气背景条件下,暴雪形成的原因有以下几点:

(1)500 hPa 上有蒙古横槽转竖,携带多股冷空气南下,造成了地面温度持续降低,有利于降雪天气的产生。在低层 700 hPa 上有低槽切变线自西向东影响我省,冷空气与西南低槽槽前的西南暖湿气流交汇于我省上空,700 hPa 的西南急流和 850 hPa 的偏东风急流为降雪天气提供了充足的水汽。

(2)有利的大气温度层结是产生此次强降雪天气的主要原因。15 日 20 时沿淮淮北和江淮中西部地面气温为 0～2℃,850 hPa 上为－6～－4℃,此后又有冷空气持续补充南下,使地面气温不断降低,至 16 日 20 时全省地面气温均在 1℃ 以下,850 hPa 全省在－3℃ 以下。

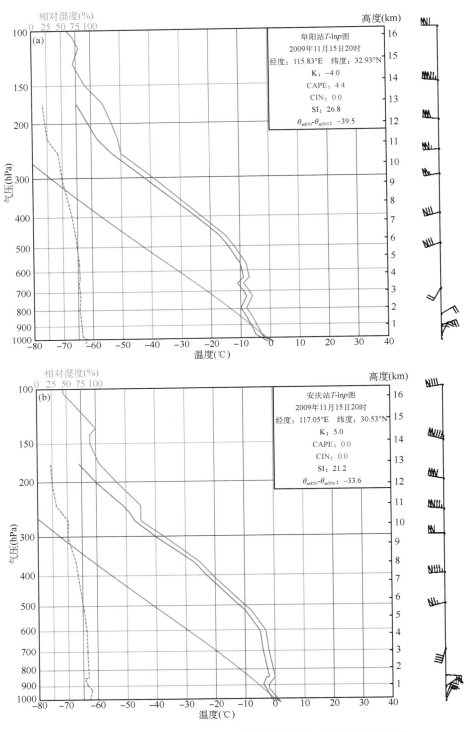

图 3-2-6　2009 年 11 月 15 日 20 时阜阳站(a)和安庆站(b)探空图

3.3　2010 年 2 月 13—15 日　江淮气旋暴雪

3.3.1　天气实况

受较强冷空气影响,2010 年 2 月 13 日夜里至 15 日安徽出现一次明显降雪过程,其中 13 日夜里至 14 日我省大部分地区出现大雪到暴雪,15 日淮河以南仍有降雪。此次降雪过程造成较严重的积雪,全省普遍有 0～17 cm 的积雪,有 5 个县(市)积雪深度超过 10 cm;另外,大别山区和皖南山区部分县(市)有电线积冰,黄山风景区最大为 61 mm(图 3-3-1)。16 日起沿海槽逐渐建立,全省天气转好,气温大幅度回升。

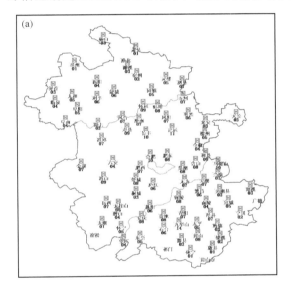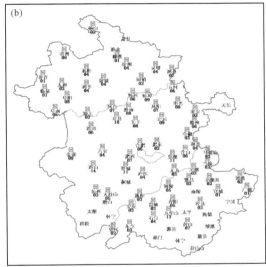

图 3-3-1　2010 年 2 月 14 日 08 时(a)和 15 日 08 时(b)安徽各站积雪深度(单位:cm)

3.3.2　成因分析

2010 年 2 月 13—14 日,700 hPa 和 850 hPa(图 3-3-2)均显示从西南有一低涡从我省中部经过,低涡结构较明显,垂直伸展的高度较高,700 hPa 位置略偏北,由于 700 hPa 西南暖湿急流的西风分量较大,且 850 hPa 西南急流的位置略偏南,因此降水位置略偏南,位于我省沿淮淮河以南。地面上(图 3-3-3),新疆以北维持一 1060 hPa 的冷高压中心,但其前部只到达河套地区,我省主要受一弱倒槽影响,等压线相对稀疏,只是山区风力有所增大。

从 2 月 14 日后期到 16 日,700 hPa 上,江淮流域有一条东西走向的切变线维持,南北略有摆动,且从华南到江南有一西南偏西急流维持;850 hPa 上,我省上空一直为偏东风,且风速逐渐减小,降雪也逐渐减弱,16 日,降雪量仅江南地区为微量(图 3-3-4)。500 hPa 高度场形势进行调整(图 3-3-5a),乌拉尔山附近的阻塞高压开始崩溃,从贝加尔湖到巴尔喀什湖的横槽消失,高度逐渐增高,亚欧上空中纬度环流慢慢由纬向型转为经向型,我省上空一直受浅槽影响,持续阴雨雪天气,但总体降水强度不大。地面上(图 3-3-5b),14—15 日,内蒙古有一 1045 hPa 的冷高压中心,我省处于高压前部,从冷高压中心不断有弱冷空气扩散南下,同时内蒙古的冷高压中心在逐渐减小。16日,冷高压中心强度已减弱为1032.5 hPa,且移到我省上空,全省降雪天气结束。17日,中纬度环流调整成经向型,我省天气转好。

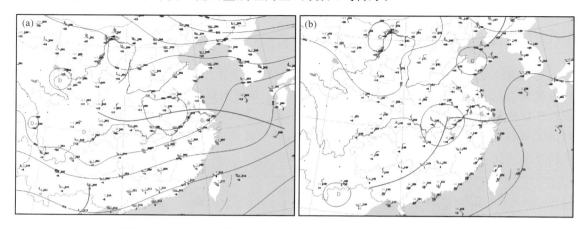

图3-3-2　2010年2月14日08时700 hPa(a)和850 hPa(b)高空图

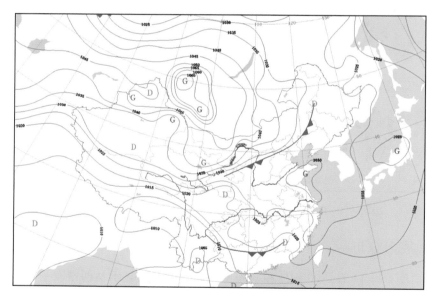

图3-3-3　2010年2月13日20时海平面气压

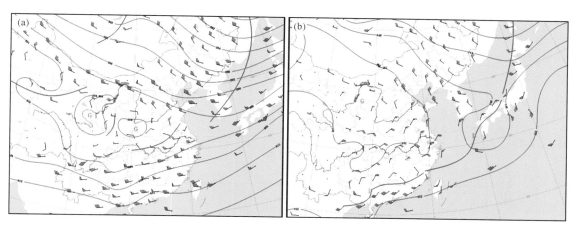

图 3-3-4　2010 年 2 月 15 日 08 时 700 hPa(a)和 850 hPa(b)高空图

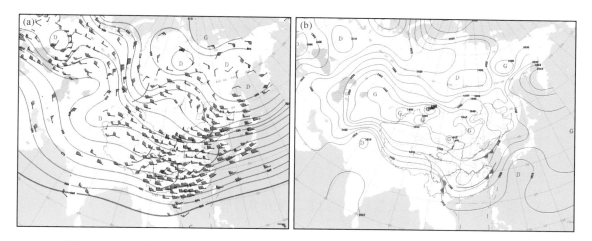

图 3-3-5　2010 年 2 月 14 日 20 时 500 hPa 高度场(a)和 2 月 15 日 08 时海平面气压场(b)

3.3.3　探空分析

13 日 20 时,阜阳和安庆探空显示,从地面到 500 hPa 温度均在 0℃以下,但阜阳的整层相对湿度较小,而安庆 500 hPa 以下相对湿度均在 90% 以上(图 3-3-6),因此,13 日 20 时,大别山区南部和江南中西部的降水性质主要是雪和冰粒,其他地区无降水。14 日 08 时,随着阜阳站湿度增大,全省出现降雪天气。

从单站探空分析,这次降雪过程中全省地面气温持续低于 1℃,整个大气层结的温度均在 0℃以下,是安徽典型的降雪温度层结。同时水汽条件较好,层结稳定,大气不稳定能量相对较小(0～10 J/kg),因此,安徽大部只出现降雪或冰粒,天气现象简单。

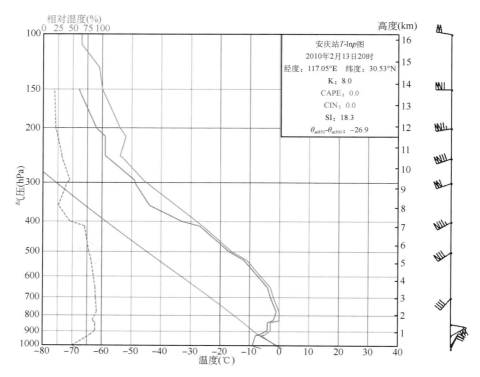

图 3-3-6　2010 年 2 月 13 日 20 时安庆站探空图

3.3.4　小结

通过以上分析可知,此次大雪到暴雪过程发生在有利的天气背景条件下,强降雪形成的原因有以下几点:

(1)这次降雪过程是由江淮气旋造成的。低层 850 hPa 和 700 hPa 上四川盆地有低涡切变线东移南下,且从华南到江南有一西南偏西急流维持;500 hPa 上前期乌拉尔山附近有阻塞高压,后期阻塞高压崩溃,华西不断有短波槽东移,受其共同影响,我省持续阴雨雪天气。

(2)降雪过程中全省地面气温持续低于 1℃,过程降温不大,仅为 2~3℃;整个大气层结的温度均在 0℃ 以下,是安徽典型的降雪温度层结。同时层结稳定,大气不稳定能量相对较小。

3.4　2013 年 2 月 17—19 日　低槽切变线暴雪

3.4.1　天气实况

2013 年 2 月 17—19 日,安徽出现一次明显雨雪天气过程,其中淮河以南出现大雪到暴雪,并伴有大风降温,17—19 日 48 小时降温全省为 6~8℃。17 日凌晨我省江南出现降雨,此后雨区逐渐北扩,至 18 日早晨沿淮淮河以南出现降雨,18 日上午,沿淮地区开始逐渐转为雨夹雪或降雪天气,至 18 日夜里降雪覆盖全省;19 日降雪减弱南压,全省天气转好(图 3-4-1a)。

本次过程全省有 73 个县(市)出现不同程度的积雪,淮河以南有 34 个县(市)积雪深度超过 10 cm,其中有 4 个县(市)积雪深度超过 20 cm:含山 22 cm、马鞍山和六安 21 cm、当涂 20 cm。另外,大别山区和江南有 5 个县(市)出现 8 级以上的大风,最大天柱山风速达 19 m/s(图 3-4-1b)。

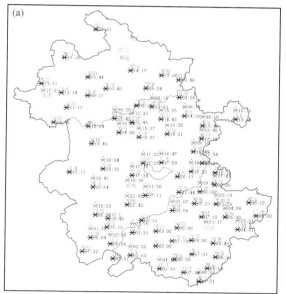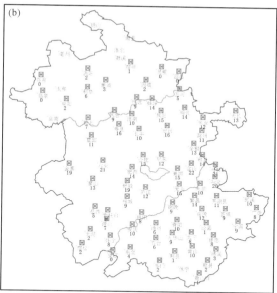

图 3-4-1　2013 年 2 月 18 日 08 时—19 日 08 时各站出现降雪时间(a)和 19 日 08 时积雪深度(b)(单位:cm)

3.4.2　成因分析

　　2 月 17 日,500 hPa 上环流较平直,850 hPa 上切变线位于沿淮,0℃线位于江苏北部、山东中部到河北南部一线(图 3-4-2),因此我省的降水性质为雨。18 日,华西有低槽东移,我省转受槽前西南气流影响;850 hPa 上切变线南压至江南南部,沿淮淮北有偏东急流维持,同时 850 hPa 温度场显示,18 日 20 时,江北温度低于 0℃,相应的江北大部分地区地面温度为 0～2℃(图 3-4-3),因此,18 日白天江北自北向南先后转雪,至 18 日夜里,随着气温进一步下降,沿江江南也由雨转雪。19 日,500 hPa 上低槽东移南压,我省转受槽后西北气流控制,全省雨雪渐止。

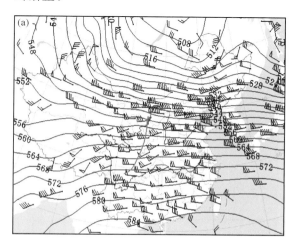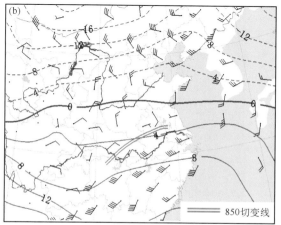

图 3-4-2　2013 年 2 月 17 日 08 时 500 hPa(a,蓝线为等高线)和 850 hPa(b,棕线为等温线)图

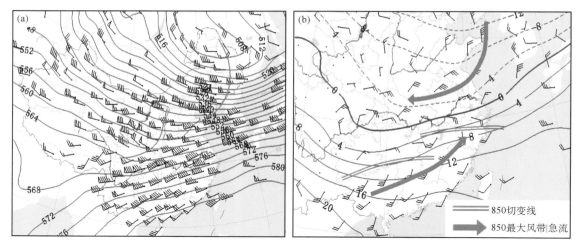

图 3-4-3　2013 年 2 月 18 日 20 时 500 hPa(a,蓝线为等高线)和 850 hPa(b,棕线为等温线)图

3.4.3　探空分析

从单站探空分析发现,17 日 08 时安庆中低层相对湿度较大,但 700 hPa 以下温度均大于 0℃,气温偏高,符合出现降雨时的温度廓线,因此 17 日降水性质为降雨;随着冷空气南下,18 日 20 时 0℃层位于 925～1000 hPa,850 hPa 温度为 −2℃,至 19 日 08 时整个大气层结的温度均在 0℃以下时,即为典型的降雪温度层结,相应的安庆于 19 日 01:15 转为雨夹雪并随后转为降雪天气(图 3-4-4)。

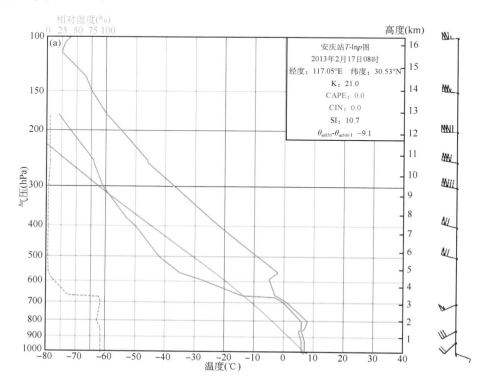

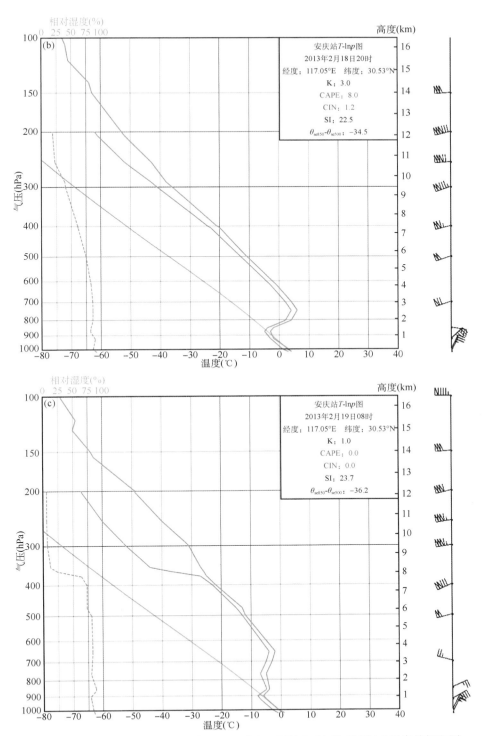

图 3-4-4　2013 年 2 月 17 日 08 时(a)、18 日 20 时(b)和 19 日 08 时(c)安庆站探空图

　　而阜阳站在 17 日中低层湿度条件较差,以阴天为主;18 日 08 时 700 hPa 以下相对湿度超过 80%,沿淮淮北地区开始降水,但整层气温略偏高,随着气温下降,阜阳于 11:17 转为

降雪天气;至 18 日 20 时整个大气层结的温度均在 0℃以下时,相应的江北地区均转为降雪天气(图 3-4-5)。

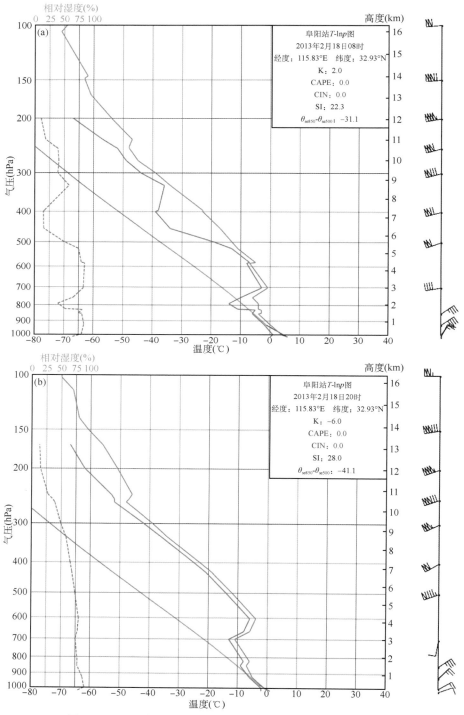

图 3-4-5　2013 年 2 月 18 日 08 时(a)和 20 时(b)阜阳站探空图

3.4.4　小结

通过以上分析可知,此次大雪到暴雪形成的原因有以下几点:

(1)这次雨雪天气过程前期500 hPa环流较平直,后期华西有低槽东移;同时中低层有切变线相配合,700 hPa的西南急流和850 hPa的偏东风急流为雨雪天气提供了充足的水汽。

(2)过程前期整层温度偏高,符合出现降雨时的温度廓线;至18日整个大气层结的温度由北向南均下降至0℃以下,符合降雪时的温度廓线,此时我省自北向南逐渐由雨转雪。

3.5　2008年1月25—29日　冻雨

3.5.1　天气实况

2008年1月25—29日冻雨个例是属于2008年1月我国南方持续性低温雨雪冰冻天气过程中的一部分。在2008年1月中下旬我国南方持续性低温雨雪冰冻天气过程中,有四个阶段,第1次降水过程是在北方冷空气爆发南下过程中产生的冷锋前降水;第2～4次降水过程出现在"冷垫"和"暖盖"形成后,不断有从西南分裂出来的低涡系统东移,与准静止锋相互作用而形成冻雨和降雪过程。其中第三个阶段1月25—29日我国南方的冻雨天气降水范围最广、强度最大,也就是在这个阶段我省出现了大面积的冻雨天气,几乎遍布我省沿江江南大部分地区(图3-5-1)。而在其他三个阶段我省的冻雨仅发生在黄山、九华山等高山站。

3.5.2　天气形势分析

从1月25—28日500 hPa的环流看,一个很明显的阻塞高压仍稳定维持于西西伯利亚一带,不断有冷空气分裂东移至我省(图3-5-2)。在西风带的南支气流上,我省处于印缅槽的槽前,有利于水汽的输送。

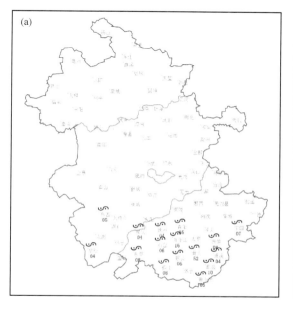
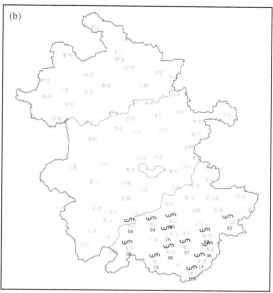

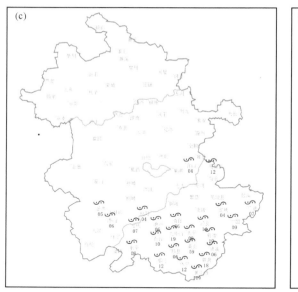
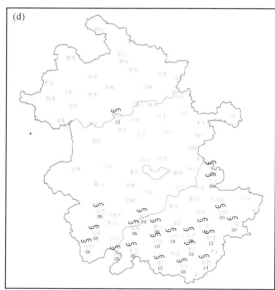

图 3-5-1 2008年1月25—28日安徽省冻雨分布图(单位:mm)

(a)25日20时;(b)26日20时;(c)27日20时;(d)28日20时

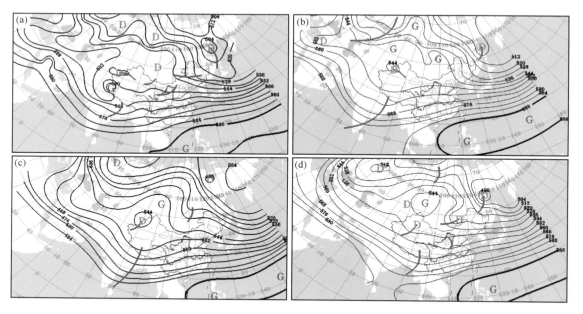

图 3-5-2 500 hPa天气图

(a)25日20时;(b)26日08时;(c)27日08时;(d)28日08时

在1月25—28日850 hPa的天气图上,东亚为大陆冷性高压控制,高压南侧的偏东风与从南海北上的偏南风之间在华南北部形成一条切变线,即准静止锋(图3-5-3)。这条准静止锋摆动于长江流域及华南之间,与西南分裂出来的低涡相互作用形成了我省沿江江南的冻雨天气。这种高空环流场与夏季梅雨期强降水的环流形势相似。

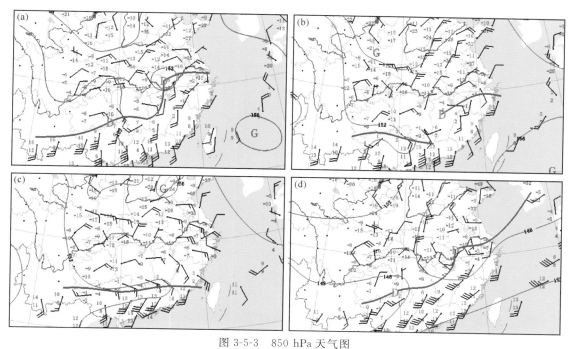

图 3-5-3 850 hPa 天气图

(a)25 日 20 时；(b)26 日 08 时；(c)27 日 08 时；(d)28 日 08 时

3.5.3 垂直分布

从单点的探空(图 3-5-4)分析发现,冻雨发生时大气层结的垂直分布为典型的低于 0℃ 的冷垫和 700～850 hPa 有高于 0℃ 的暖层结构,一旦这种结构不能维持,冻雨也将消失,且从地

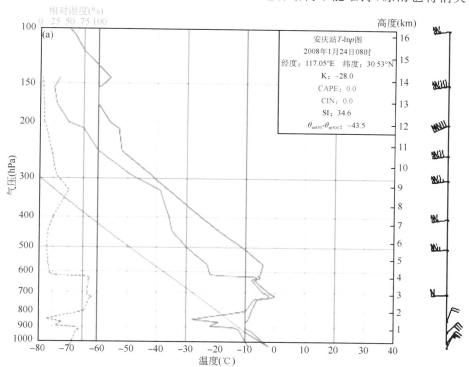

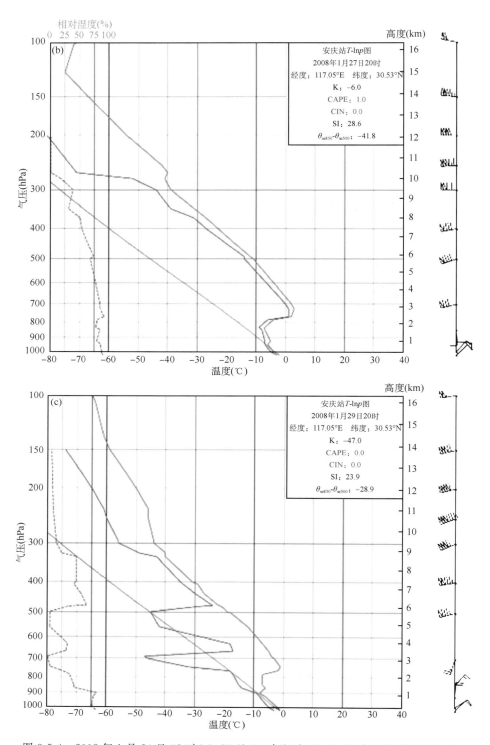

图 3-5-4　2008 年 1 月 24 日 08 时(a)、27 日 20 时(b)和 29 日 08 时(c)安庆站探空图

面到 700 hPa 整层湿度大,接近饱和。从图中可以看出,与 2010 年的个例相同,低层为东北风,高层为西南风,有较强的冷暖空气交汇,有利于较强逆温结构的形成,但其 700 hPa 的风速

较大。但从 700 hPa、850 hPa 的 0℃线位置(图 3-5-5)可以看出,其逆温区的产生与 2010 年存在明显区别,其冷垫形成较早,850 hPa 的 0℃线稳定维持在华南,700 hPa 的 0℃线的南北摆动是造成我省江南逆温区形成的主要原因,因此,此次冻雨天气的出现与暖空气的强弱和西南急流是有较大关系的。

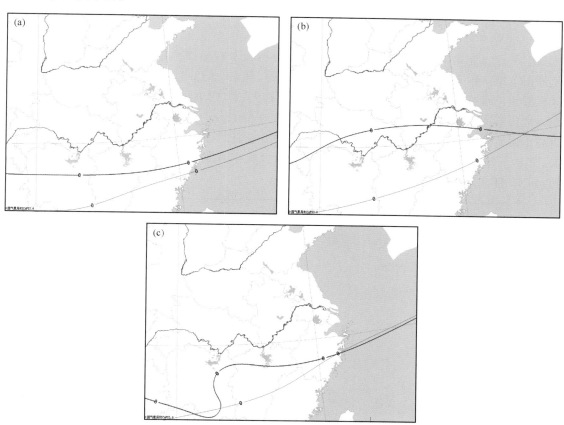

图 3-5-5　2008 年 1 月 24 日 08 时(a)、27 日 20 时(b)和 29 日 08 时(c)
安庆的 700 hPa(黑线)、850 hPa(红线)0℃线图

3.5.4　小结

通过以上分析可知,此次冻雨过程发生的原因有以下几点:

(1)阻塞高压仍稳定维持于西西伯利亚一带,不断有冷空气分裂东移至我省。我省处于印缅槽的槽前,有利于水汽的输送。在低层 850 hPa 西南分裂出来的低涡与准静止锋相互作用形成了我省沿江江南的冻雨天气。

(2)较强冷暖空气交汇,大气层结的垂直分布为典型的低于 0℃的冷垫和 700~850 hPa 有高于 0℃的暖层结构,从地面到 700 hPa 整层湿度大,接近饱和。区别于 2010 年,其冷垫形成较早,暖空气的强弱和西南急流存在是造成我省江南逆温区形成的主要原因。

3.6　2010 年 2 月 10—19 日　冻雨

3.6.1　天气实况

2010 年 2 月 10—19 日,受从内蒙古东移南下的强冷空气和南方暖湿气流的影响,安徽省出现了一次自北向南大范围的冻雨天气(图 3-6-1):10 日午后淮北地区开始出现冻雨天气,夜里冻雨范围扩展至江淮之间北部,并继续向南延伸,到 11 日 08 时大别山区和皖南山区部分地区也开始出现冻雨天气,冻雨范围达到此次过程最大;到 12 日 08 时沿淮淮北、大别山区及皖南山区仍有冻雨发生,但范围明显减小;12 日 08 时到 13 日 08 时为间歇期,仅天柱山和九华山高山站有冻雨发生;13 日 08 时到 14 日 08 时随着新的冷空气补充南下,冻雨范围再次扩大,主要分布在大别山区和皖南山区;14 日 08 时以后冻雨发生的范围再次减小至山区的高山站;到 19 日冻雨过程结束。

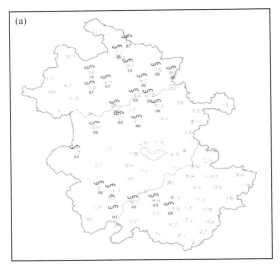

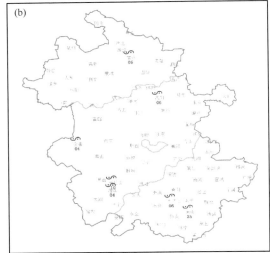

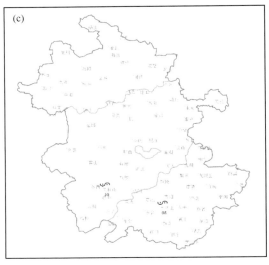

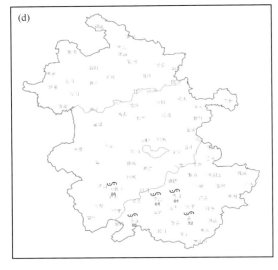

图 3-6-1　2010 年 2 月 11—15 日安徽省冻雨分布图(单位:mm)

(a:11 日 08 时;b:12 日 08 时;c:13 日 08 时;d:14 日 08 时;e:15 日 08 时;f:16 日 08 时)

3.6.2　天气形势分析

图 3-6-2 给出了 2010 年 2 月 10 日 08 时—12 日 08 时的 500 hPa 高度场及温度场。10 日 08 时—12 日 08 时,500 hPa 东亚中高纬地区环流为两槽一脊的形势,新疆北部有一横槽系统长期存在,不断分裂冷空气东移南下。东亚大槽稳定维持在 135°E 附近,同时我国西南地区上空 110°E 有一低槽系统。东亚大槽槽后西北气流冷空气与西南低槽槽前的西南暖湿气流交汇于淮河流域上空。在低层 850 hPa 表现为蒙古冷高压、副热带高压、西南低涡和朝鲜半岛上空的弱气旋性系统共同形成的鞍形场(图 3-6-3),并有低空急流配合为冻雨的发生提供了充足的水汽。10 日 08 时,850 hPa 的切变线位于沿淮上空,午后安徽淮北开始出现大范围的冻雨天气;20 时,蒙古冷高压和西南低涡加强,切变线南压至沿江地区,冻雨范围扩大到大别山区;到 11 日 08 时西南低涡已开始消亡,冷空气迅速南下,切变线继续南压至安徽南边界,朝鲜半岛的低压系统加强,安徽沿淮淮北的冻雨天气减弱;11 日 20 时,切变线彻底移出我省。因此,2010 年 2 月 10—11 日造成安徽沿淮淮北和大别山地区冻雨天气发生的主要天气系统为鞍形场中的切变线。

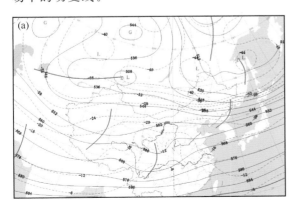
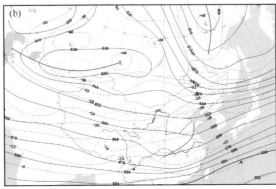

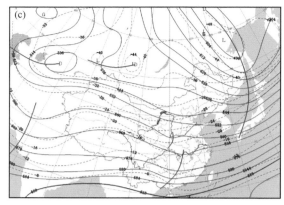

图 3-6-2　2010 年 2 月 10 日(a)、11 日(b)和 12 日(c)08 时 500 hPa 高度场(实线,单位:dagpm)和
温度场(虚线,单位:℃)

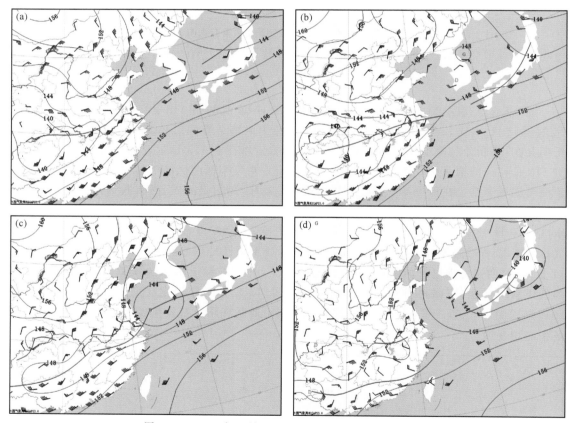

图 3-6-3　2010 年 2 月 10—11 日 850 hPa 高度场和风场
(a)10 日 08 时;(b)10 日 20 时;(c)11 日 08 时;(d)11 日 20 时

3.6.3　探空分析

从单点的探空分析发现,大气层结的垂直分布具有有利于冻雨发生的典型结构。图 3-6-4
为 10 日 20 时阜阳站和 11 日 08 时安庆站探空图,从图中可以看出,两站低层为东北风,高层

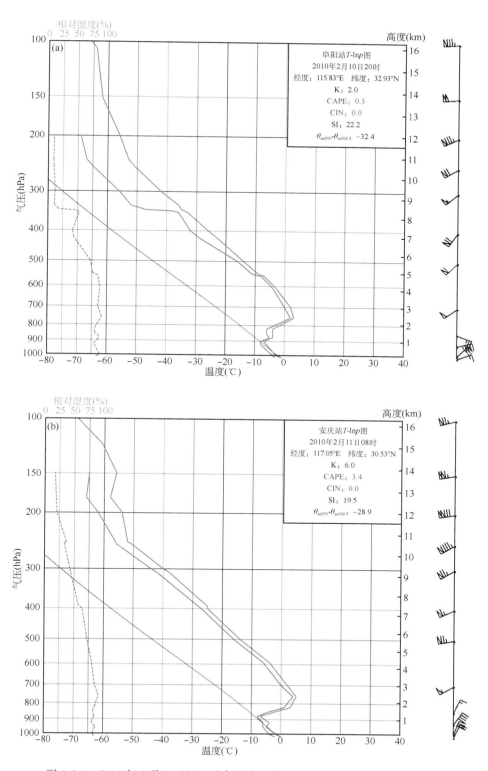

图 3-6-4　2010 年 2 月 10 日 20 时阜阳站（a）和 11 日 08 时安庆站（b）探空图

为西南风,表明有较强的冷暖空气交汇,有利于较强逆温结构形成。温度层结上底层为低于0℃的冷垫,700～850 hPa 有高于 0℃的暖层(图 3-6-5),且从地面到 700 hPa 整层湿度大,接近饱和。所以从单站的探空分析,层结条件和湿度条件都有利于冻雨天气的发生。而从700 hPa、850 hPa 的 0℃线的位置可以看出,逆温区域的范围覆盖了冻雨发生地区,但并不是所有逆温区都有冻雨发生。

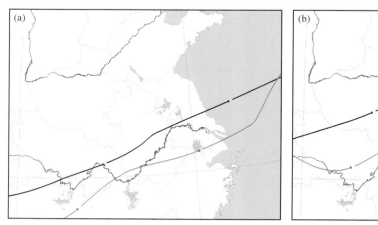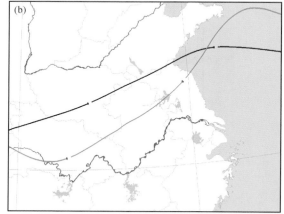

图 3-6-5　700 hPa(a)和 850 hPa(b) 0℃线图

3.6.4　小结

通过以上分析可知,此次冻雨过程发生在有利的天气背景条件下,冻雨形成的原因有以下几点:

(1)500 hPa 上有横槽转竖,携带多股强冷空气南下,与西南低槽槽前的西南暖湿气流交汇于淮河流域上空。在低层 850 hPa 形成蒙古冷高压、副热带高压、西南低涡和朝鲜半岛上空的弱气旋性系统共同组成的鞍形场切变线。

(2)较强冷暖空气交汇,形成低于 0℃的冷垫和高于 0℃的暖层,两者之间有较强的逆温结构,700 hPa 以下水汽条件好,接近饱和,利于云中的小水滴在下落过程中迅速冷却成过冷水降落地面,从而导致冻雨的发生。逆温区的出现和范围是一个重要的预报着眼点。

第4章 雾与霾

概　述

根据中国气象局 2010 年 6 月 1 日发布实施气象行业标准《霾的观测和预报等级》(QX/T113—2010),从能见度、相对湿度的配合,以及大气成分指标两方面规定了霾观测的判识条件,规范了雾霾现象的观测;2013 年 2 月,中国气象局规定在地面气象观测中正式执行。

雾是由大量悬浮在近地面空气中的微小水滴或冰晶组成的气溶胶系统,是近地面层空气中水汽凝结(或凝华)的产物。雾是由水滴或冰晶组成的,因而相对湿度是饱和的。雾的存在会降低空气透明度,使能见度恶化。近地面的空气中悬浮着大量微小水滴(或冰晶)使水平能见度降到 1 km 以下的天气现象称为雾,而将水平能见度在 1~10 km 的这种现象称为轻雾。发展阶段、发展强度不同的雾,其单位体积空气中的雾滴密度不同,因而水平能见度的恶化程度也不一样,按照能见度再细划分雾的强度,能见度在 50~500 m 的雾称为浓雾,而在 50 m 以下的称为强浓雾。

霾是大量极细微的干粒子均匀地浮游在空中,使水平能见度小于 10.0 km 的空气普遍混浊现象。并按能见度分为四个等级:轻微霾(5.0 km≤V<10.0 km),轻度霾(3.0 km≤V<5.0 km),中度霾(2.0 km≤V<3.0 km),重度霾(V<2.0 km)。

因此雾和霾的本质不同,雾是由近地面空气中的微小水滴或冰晶组成,而霾是由大量极细微的干粒子组成。

1. 雾形成消散原因及其分类

雾是通过一定途径使近地层空气中水汽达到饱和而生成的。它主要受空气温度和水汽条件所制约。也就是通常所说的雾生成必须通过近地面空气的降温和增湿两个途径。

雾的水分总含量包括水汽、液态水滴和冰晶。如果要使雾中的含水量增加,主要取决于两个因子:一是增加水分总含量;二是降低空气温度。增加雾中空气的水分总含量的过程也有两个:一是下垫面和雨滴的蒸发;二是暖湿空气的水平输送和垂直输送。降低空气温度的方式有三种:辐射冷却、平流冷却以及由于空气的垂直运动而引起的绝热膨胀冷却。

在陆地上,空气的增湿作用往往不容易满足,降温的途径却有很多,人们常常看到空气冷却在生成雾的过程中起主要作用。在大城市,降温和增湿作用对生成雾都很重要,但降温作用是主要原因。

形成雾必须在低层大气冷却到露点温度以下才可能实现。这种冷却降温是由于不同的物理过程而发生的,此时必须考虑到边界层的大气受热和冷却作用。从热力平衡和其他条件的

分析表明,雾形成的主要过程有以下五个方面:

(1)下垫面的辐射冷却和气团因与下垫面接触而造成的冷却,形成辐射雾。

(2)暖气团沿冷的下垫面做水平移动(平流)时产生的冷却,形成平流雾。

(3)冷空气位于暖水面上而产生的空气的对流混合,形成蒸汽雾。

(4)气团沿高地或山脉的斜坡上爬时所产生的绝热冷却,形成上坡雾。

(5)温度不同的气团相混合,如沿海岸地带或湖边地带不同气团的混合,形成海岸雾、湖岸雾。

在这些物理过程中,大气湍流运动起着重要作用。由于湍流运动的结果,冷却作用才能从下垫面扩展到比较高的空气层中去。此外,还有许多因素对雾的形成和消散有影响。如由于降水的蒸发和下垫面上水的蒸发而使空气冷却和增湿,下垫面上有水汽的凝结(或凝华)物,土壤的组成和状态,局部地形,处在水平运动的气流中,气压的降低,等等。

云底的向下延伸也可以形成雾,人类活动对大气状态的影响也可以产生雾。往往在雾的形成过程中,有几种过程同时参与其中。

雾消散的原因,一是由于下垫面的增温,雾滴蒸发;二是风速增大,将雾吹散或抬升成云;再有就是湍流混合,水汽上传,热量下递,近地层雾滴蒸发。雾的持续时间长短,主要与当地气候干湿有关。一般来说,干旱地区多短雾,多在 1 小时内消散,潮湿地区则以长雾最多见,可持续 6 小时左右,甚至更长。

2. 霾形成消散的原因

霾是大量极细微的干粒子等均匀地浮游在空中,造成的能见度降低到 10 km 以下的现象。霾形成的内在原因是空气中有大量的极细干粒子,而气象条件是外因。

当前,对于灰霾天气与气象条件的关系,仍然缺乏系统的研究。比如大气污染物的稀释扩散,到底是平流输送为主,还是垂直交换、湍流输送为主,仍然存疑。气象因素(如风速、风向、相对湿度、逆温层、降水、日照和大气混合层高度等)会影响灰霾天气的形成,其中风速、相对湿度、逆温层被认为是影响灰霾形成的最主要因素。首先,风速增大有利于污染物的水平扩散,同时也会使湍流变大,有利于污染物质在垂直方向的扩散和输送,所以风速大时很少出现霾天气。然而,随着城市化建设进程加快,城市高层建筑越来越多,增大了地面摩擦系数,使得水平方向静风现象增多,严重阻碍了风的水平流动,地面附近的污染物、扬尘等难以扩散或稀释,在城区内积累形成了高浓度污染,从而导致灰霾天气的出现。其次,相对湿度高有利于霾的形成。空气湿度大,有利于水汽在气溶胶粒子上凝结,从而影响大气能见度。此外,垂直方向的逆温现象。由于污染物排放的增加,城市上空容易频繁出现逆温层现象,垂直方向的逆温层又导致人类活动排放的大量颗粒物和污染气体等滞留在近地层,极易产生霾。

3. 雾和霾预报着眼点

雾的预报关键点:近地面风速较小,90%的情况风速小于 2 m/s;通过不同途径,使近地面水汽凝结形成小液滴或冰晶。如辐射雾的产生,主要是晴空条件下,地面通过降温在近地层形成逆温层,同时地面气温与露点接近直至相等,使近地层水汽凝结,形成小液滴或冰晶。锋面雾包括混合雾和降水雾。混合雾多出现在锋际。锋面两侧的气团潮湿,温差大,在锋际发生混合作用,使近地面空气达到饱和而形成雾。降水雾多出现在冷锋后、暖锋前和准静止锋冷区一侧。在冷暖两种气团之间的锋面上温差很大,当锋面有降水时,锋上雨滴落入下层冷空气中,因雨滴的蒸发冷却作用使得下层冷空气更冷更湿,达到过饱和状态,多余的水汽在冷湿空气的凝结核上凝结成许多小雾滴,形成降水雾。

霾的预报关键点:近地面风速持续偏小;垂直方向上近地层有逆温层出现,并长时间维持;较高的相对湿度有利于霾的形成;无降水。

4.1　2014 年 3 月 30 日　辐射雾

当地表及其直接相连接的大气因辐射冷却而导致温度下降,引起相对湿度上升达到饱和或过饱和时,边界层内水汽凝结(凝华)而形成的雾称为辐射雾。

4.1.1　天气实况

2014 年 3 月 30 日早晨,我省淮河以南出现了大范围的雾。雾始于 29 日夜间,20 时后零星出现于肥西、石台、定远、歙县和巢湖等地。30 日 02 时后,池州、芜湖、安庆等地逐渐出现大范围的雾。06 时,雾的区域北至沿淮地区,共有 63 个站点能见度小于 1 km,40 个站能见度小于 500 m,6 个站小于 50 m(图 4-1-1),其中六安、肥西和安庆能见度最低仅有 40 m。30 日 08 时,能见度大幅升高,11 时,全省能见度都已回升至 1 km 以上,全省雾已完全消散(图 4-1-2)。

29 日,受 500 hPa 低槽和冷空气的影响,淮河以南出现了降水(图 4-1-3),近地面大气湿度增加,给辐射雾的形成提供了有利的水汽条件。

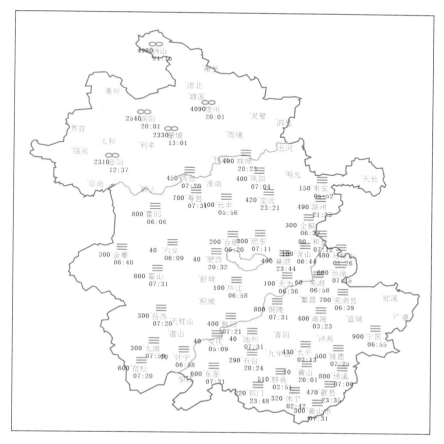

图 4-1-1　2014 年 3 月 29 日 08 时—30 日 08 时地面观测(单位:m)

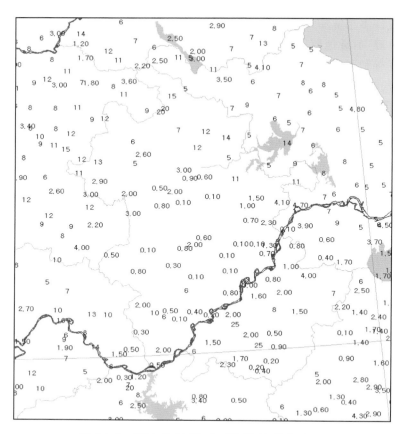

图 4-1-2　2014 年 30 日 08 时能见度(单位:km)

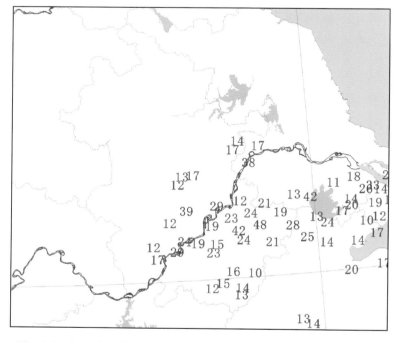

图 4-1-3　2014 年 3 月 29 日 08 时—30 日 08 时累计降水量(单位:mm)

29 日夜间,系统过后天气转好,卫星云图显示全省部分地区有薄的高云覆盖,大部分地区处于晴空区(图 4-1-4)。夜间地表不再吸收太阳短波辐射,并不断向外发射长波红外辐射,造成地表气温快速下降,形成逆温层。同时也使气温低至露点温度,有利于水汽凝结。综合以上条件,30 日早晨淮河以南大部分地区出现了辐射雾。

图 4-1-4　2014 年 3 月 29 日 20 时卫星云图

4.1.2　环流形势分析

1. 高空形势

29—30 日,500 hPa 环流场上欧亚大陆为两槽一脊的形势。如图 4-1-5 所示,29 日 08 时,我省有低槽过境,产生降水。30 日 08 时,我省受槽后西北气流控制,天气转好,我省上空为晴空区。

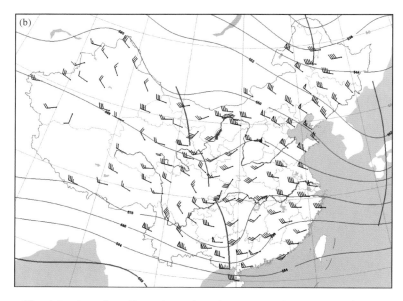

图 4-1-5　2014 年 3 月 29 日 08 时(a)和 30 日 08 时(b)500 hPa 高空图

　　850 hPa 环流场上,如图 4-1-6 所示,我省受弱反气旋控制,中低层有弱的下沉运动,抑制湍流扩散,低层水汽无法向上扩散而积累于近地层。

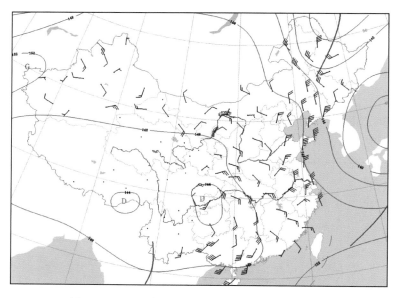

图 4-1-6　2014 年 3 月 30 日 08 时 850 hPa 高空图

　　2. 海平面气压场

　　如图 4-1-7 所示,30 日 08 时海平面气压场上,东北冷涡中心有一冷锋向西南方向延伸,冷锋后侧在蒙古国西部有一强度为 1035 hPa 的高压中心,我省位于高压的底部的均压场中。

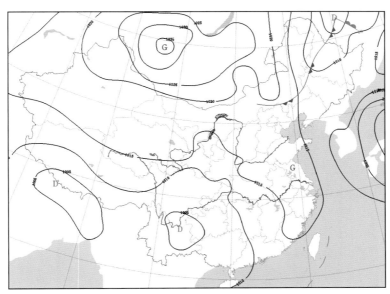

图 4-1-7　2014 年 3 月 30 日 08 时海平面气压场

4.1.3　探空分析

30 日 08 时，安庆站为浓雾，如图 4-1-8 所示：1000 hPa 到 900 hPa 有明显逆温层存在；

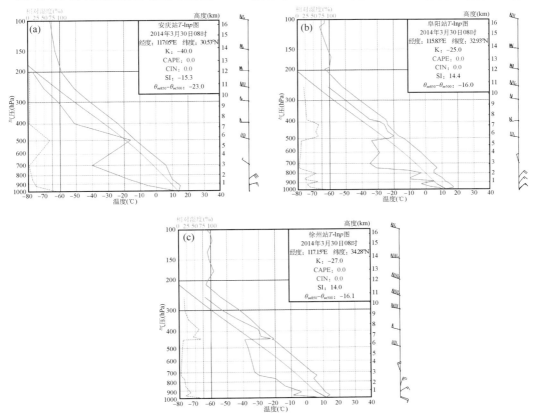

图 4-1-8　2014 年 3 月 30 日 08 时安庆站(a)、阜阳站(b)、徐州站(c)探空图

1000 hPa 湿度较大,随着高度增加迅速减小。这些条件都非常利于辐射雾形成。

虽然低层有逆温层存在,但 1000 hPa 湿度条件较差(近地层露点温度差大),所以阜阳、徐州两个站 30 日没有出现雾。

4.1.4　其他要素分析

从安庆站三线图(图 4-1-9)中可看出,29 日白天有降水,30 日早晨雾出现时,温度和露点温度都有明显的降低,且温度露点差等于 0,有利于水汽的凝结。在 11 时之后温度露点差逐渐变大,雾已消散。

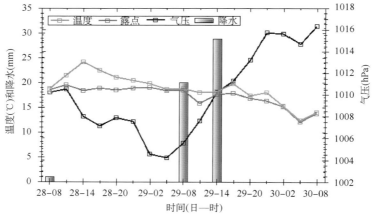

图 4-1-9　2014 年 2 月 28—30 日安庆站三线图

地面露点温度和温度的填图(图 4-1-10a)对比也可看出,08 时淮河以南的露点温度差都很小,小于 1℃,雾还没有完全消散。在 11 时(图 4-1-10b),全省温度普遍升高,大部分站点露点温度差在 5℃ 以上,雾已全部消散。

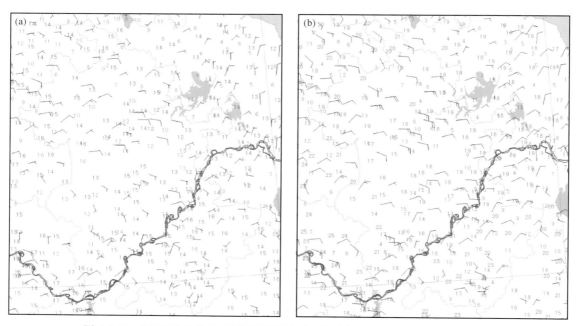

图 4-1-10　2014 年 3 月 30 日地面温度(红色)和露点温度(绿色)填值(单位:℃)

(a)08 时;(b)11 时

图 4-1-11 所示,05 时淮河以南地区风速约为 2 m/s。微风(1～3 m/s)可产生适度的垂直湍流,加厚近地面层的辐射冷却层,使得逆温层不断增厚,对辐射雾的形成最为有利。11 时,淮河以南地区风速普遍增大。近地层的较大风速引起了较强的垂直湍流混合,在空气的上升下沉过程中造成了较高层次的相对较干空气与低层较湿空气不断充分混合,淮河以南地区从 05 时 90% 以上的相对湿度降到 80% 以下,近地面空气饱和度下降,有利于雾的消散。

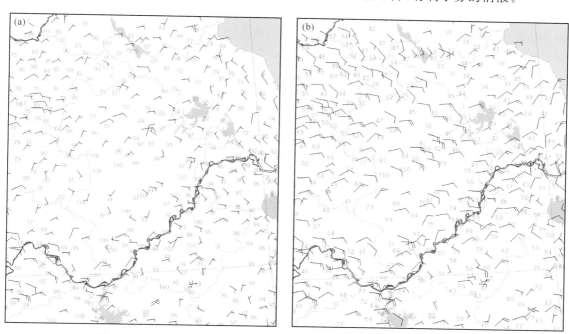

图 4-1-11 2014 年 3 月 30 日地面风场(单位:m/s)和相对湿度(单位:%)
(a)05 时;(b)11 时

4.1.5 小结

辐射雾通常发生在秋、冬季,且多发生在下半夜到早晨,日出前后最浓,白天随着太阳辐射升温逐渐消散,有明显日变化。2014 年 3 月 30 日早晨,淮南出现的雾基本符合辐射雾的普遍规律。首先,29 日白天的降水增加了边界层的水汽,给雾的形成提供了水汽条件;其次,夜间地面较强辐射冷却形成了逆温层,提供了稳定层结条件。逆温层抑制垂直湍流和对流产生,利于水汽和尘埃杂物的聚集,同时辐射冷却形成的降温进一步促进水汽凝结形成雾;最后,边界层的微风引起的适度湍流维持并加厚了逆温层。日出之后,太阳辐射导致的地面升温破坏了逆温层,同时露点温度差的增加也不利于水汽的凝结。风速的增加进一步促进了垂直湍流运动,较高层的干空气与低层湿空气的混合降低了相对湿度。雾随之消散。

4.2 2014 年 3 月 26 日 平流雾

平流雾是暖湿空气平流到较冷的下垫面上,下部冷却而产生的雾。常在冬季发生,持续时间一般较长,厚度较大,有时可达几百米。平流雾的产生与辐射雾不同,它是暖湿空气水平流经寒冷地面或水面时,因暖湿空气受冷的地面影响,底层空气迅速降温,上层空气因离地表远降温少,这样就在近地面层形成逆温,这种逆温气象学上称为平流逆温。在逆温层以下,空气冷却而达到饱和,水汽凝结而形成平流雾。

4.2.1 天气实况

2014 年 3 月 26 日,安徽省出现了一次大范围的平流雾天气过程(图 4-2-1)。淮河以北全部和淮河以南大部分地区都出现了能见度不足 500 m 的大雾,特别是淮河以北地区,能见度普遍在 100 m 以下。雾从 25 日夜里 20 时左右开始,持续到 26 日 11 时才开始逐渐消散。这次大雾范围广,浓度强,持续时间长,给交通带来了较大的安全隐患。

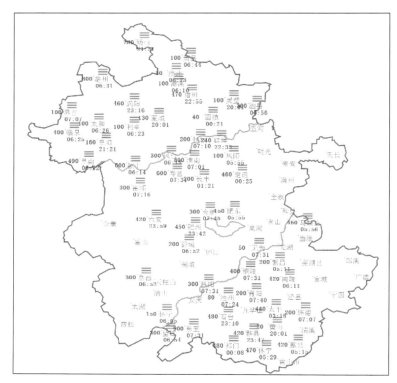

图 4-2-1　2014 年 3 月 26 日平流雾过程的出雾时间和能见度(单位:m)

从图 4-2-2 可以看出,全省上空云系较多;地面上我省淮河以北部分地区仍有弱降水,淮河以南阴天。

4.2.2 环流形势分析

这次大雾过程中,高空处于低槽前部,在低槽东移过程中,有弱冷空气南下。1000 hPa 到地面,我省处于入海冷高压的底部,以偏东风为主,有利于海上的暖湿气流向内陆输送和低层逆温的形成。在这种环流形势下,没有强冷空气活动,层结稳定,有效抑制了对流的向上发展,有利于雾的形成和发展。25 日下午,我省北部还出现了降水,再加上近地面吹偏东风,也为雾的形成提供了良好的水汽条件。850～1000 hPa,我省大部分地区处于槽前西南暖湿气流中(图 4-2-3),同时由于前期降水,形成冷的下垫面,这种下冷上暖的结构使得层结更加稳定,更有利于雾的加强。直到 26 日上午 11 时,温度升高,风速变大,雾才开始逐渐散去。

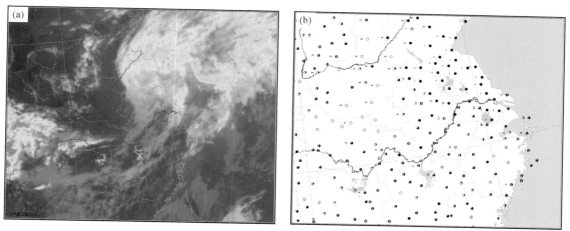

图 4-2-2　2014 年 3 月 25 日 20 时卫星云图(a)和地面填图(b)

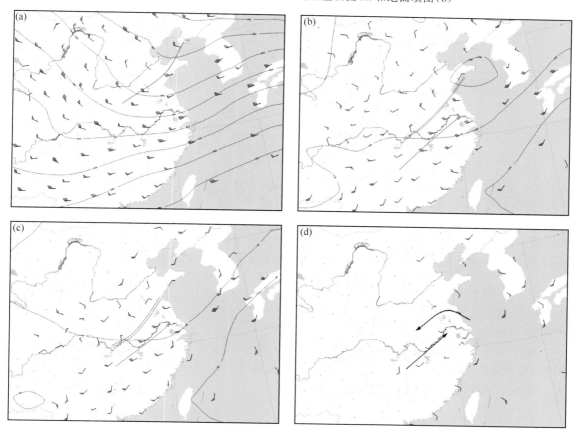

图 4-2-3　2014 年 3 月 25 日 20 时高空形势场和风场
(a)500 hPa;(b)850 hPa;(c)925 hPa;(d)1000 hPa

　　由图 4-2-3 可以看出,925 hPa 风速主要为 3～10 m/s;850 hPa 风速更大,主要为 8～15 m/s,达到低空急流强度。适中的低层风速为平流雾产生的有利条件之一,既不会大到影响该大气层的稳定性,也不至于小到影响暖湿空气的输送;而相对较大的风速则在一定程度上有利逆温的形成,加大了逆温层以下垂直混合,从而形成平流雾。

4.2.3 湿度条件分析

1. 相对湿度

雾是近地面空气层中的水汽凝结现象,低空充沛的水汽是形成雾的重要因子。由于之前有降水,使得近地层相对湿度条件较好,全省大部分地区的相对湿度都在95%以上(图4-2-4);另外,地面吹偏东风,有利于海上的水汽吹向内陆,为大雾的形成提供充沛的水汽条件。

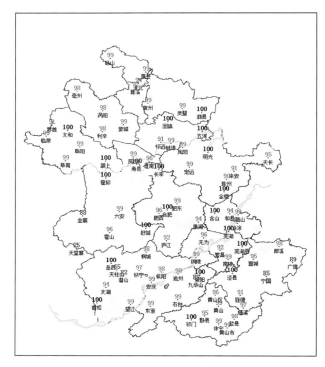

图 4-2-4   2014 年 3 月 26 日 05 时近地层相对湿度(单位:%)

2. 露点温度差

由图 4-2-5a 可以看到,江北地面温度 10~13℃,露点 10~12℃,露点温度差 0~2℃;江南地面温度 14~18℃,露点 14~16℃,露点温度差 0~3℃。

由图 4-2-5b~d 可以看到,1000~850 hPa 露点温度差基本为 1~3℃。饱和层达到 850 hPa,湿层较厚。其中 925~850 hPa,西部和北部 $T-T_d$ 范围较大,最大可达 18℃(省外更大),因为不是单纯的平流雾,类似于辐射平流雾。

4.2.4 温度条件分析

由图 4-2-6 可以看出,925~850 hPa 全省为正变温。而地面是明显的负变温,即地面温度是降低的,有利于水汽达到饱和。1000 hPa 西北部有弱负变温,主要是因为这一地区并不是单纯的平流雾,而是辐射平流雾。

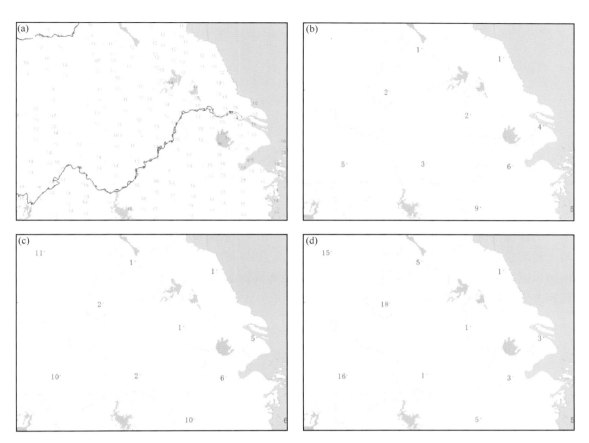

图 4-2-5　2014 年 3 月 25 日 20 时露点温度差

(a)地面;(b)1000 hPa;(c)925 hPa;(d)850 hPa

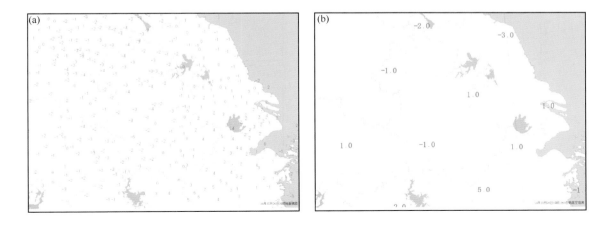

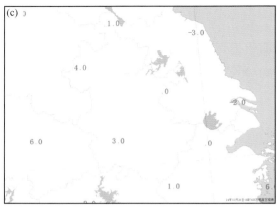
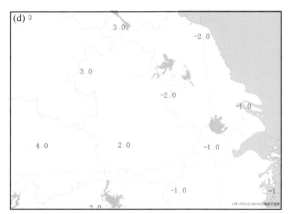

图 4-2-6　2014 年 3 月 26 日 08 时 24 小时变温

(a)地面;(b)1000 hPa;(c)925 hPa;(d)850 hPa

当暖湿空气与冷地表之间有较大温差时,近地表气层的温度才能迅速降低,相对湿度不断增大而形成平流雾。同时,在地表气层中形成平流逆温,就更有利于平流雾的形成。适宜的风向和风速不但使暖湿空气源源不断地流向冷的地面或海面,而且能产生一定强度的湍流,使雾达到一定的厚度。

4.2.5　逆温层特征分析

从图 4-2-7 和图 4-2-8 可以看出,本次平流雾过程,全省范围内都有逆温,逆温强度为

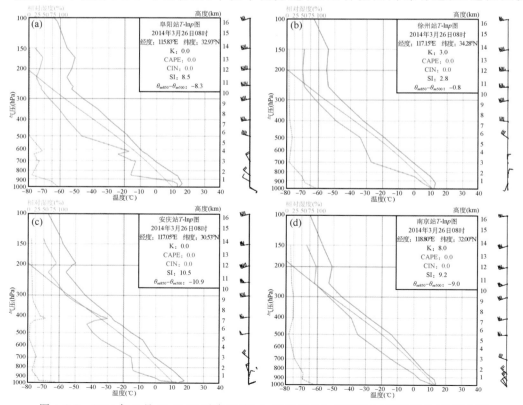

图 4-2-7　2014 年 3 月 26 日 08 时阜阳站(a)、徐州站(b)、安庆站(c)和南京站(d)探空图

1～4℃,这说明大气层结非常稳定,使得大雾得以维持较长时间,不容易消散。从地面到925 hPa有逆温,说明逆温层高度较高,这对大雾的形成非常有利。

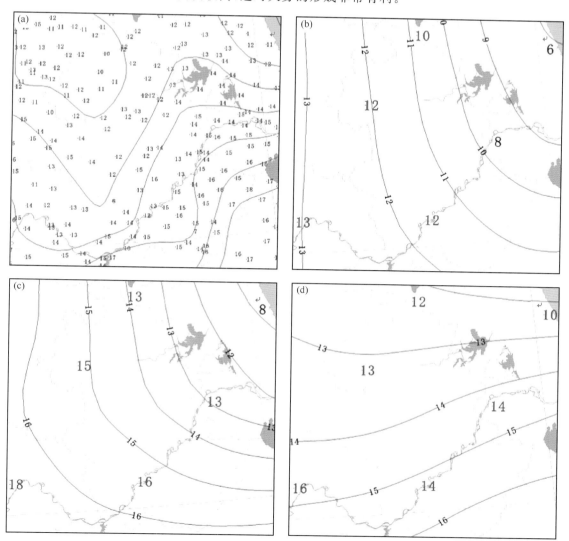

图 4-2-8　2014 年 3 月 26 日 08 时地面和各层的温度(℃)
(a)地面;(b)850 hPa;(c)925 hPa;(d)1000 hPa

4.2.6　小结

本次平流雾过程是由于低层西南暖湿气流北移,遇到冷的下垫面(冷空气,前期有降水)时,因下部冷却而形成的雾。具有以下特点:

(1)本次平流雾过程,全省云系较多。

(2)地面处于高压后部的均压场中,降雨后地面温度下降,有利于平流雾的生成;全省大部分地区处于西南暖湿气流里,925～850 hPa 风速较大,可达急流标准。

(3)水汽输送条件好,相对湿度较大。1000～850 hPa 露点温度差基本为 1～3℃。饱和层达到 850 hPa,说明湿层较厚。

(4)受低层暖湿气流影响,850～1000 hPa 以下基本为正变温,地面为负变温。逆温层高度在925 hPa左右,逆温强度为 1～4℃,有利于大雾的形成和维持。

4.2.7　平流雾预报着眼点

(1)分析天气形势:入海变性高压的西部、太平洋高压西部以及气旋和低槽的东部。
(2)分析近地面层的温湿和乱流条件:温湿条件——凝结,乱流条件——雾或低云。
(3)比较本站和上游站的天气等要素。

4.3　2014 年 2 月 2—3 日　锋面雾

发生在锋面附近的雾称之为锋面雾。按形成锋面雾的物理机制可分成两类:混合雾和降水雾。混合雾多出现在锋际(锋际指冷暖气团交界的锋区)。锋面两侧的气团潮湿,温差大,在锋际发生混合作用,使近地面空气达到饱和而形成雾。降水雾多出现在冷锋后、暖锋前和准静止锋冷区一侧。在冷暖两种气团之间的锋面上温差很大,当锋面有降水时,锋上雨滴落入下层冷空气中,因雨滴的蒸发冷却作用使得下层冷空气更冷更湿,达到过饱和状态,多余的水汽在冷湿空气的凝结核上凝结成许多小雾滴,形成降水雾。实质上是雨滴的体积变小转化为众多的雾滴,雨雾并存,能见度降低。

4.3.1　天气形势概况

2014 年 2 月 2 日夜至 3 日晨,有一次冷锋经过我省,先后产生冷锋锋际的混合雾(为主)和冷锋后的降水雾。

首先,从 2014 年 2 月 2 日 20 时高空天气图(图 4-3-1a、b、c)来看,对流层中层 500 hPa 上华北南部至长江中下游有一低槽,低层 700 hPa、850 hPa 分别有低槽、低涡位于江淮一带。地面天气图(图 4-3-2)上冷锋呈东西走向,位于山东南部至陕西中部一线。由于冷锋前的暖空气比较潮湿(例如阜阳地面 2 m 温度为 10℃,露点温度为 9℃,图略),锋前云系较多。到了 3 日08 时(图 4-3-1d、e、f),500 hPa 高空图上原位于华东地区的槽已经东移入海,同时,700 hPa 上的低槽东移至沿海,850 hPa 上低涡南部的切变线东移南压,我省上空均转为偏北风。地面图(图 4-3-2)和红外云图(图 4-3-3)均显示 3 日 08 时冷锋南下至沿江一带,我省淮河以北至江南北部被雨雾笼罩。

其次,地面图上蒙古冷高压强盛,中心气压在 1040 hPa 以上,从 2 日 20 时至 3 日 08 时其强度略有增强,穿过我省北部的等压线数值从 1012.5 hPa 升至 1022.5 hPa,地面锋线的位置介于 1017 hPa 和 1015.0 hPa 之间。另外,就冷锋移动速度而言,3 日 05 时之前移动较慢,约33 km/h,05 时之后移动加快,约 50 km/h(通常冷锋移动速度为 40～48 km/h)。因此,虽然冷高压强大,但其中心位置较北且冷锋经过我省的速度较缓慢,所以,我省风速不大,对雾形成有利。

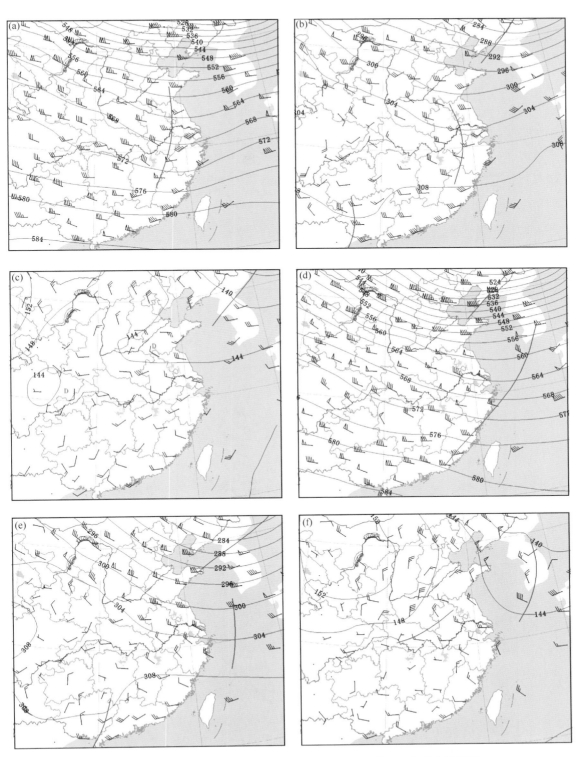

图 4-3-1　2014 年 2 月 2 日 20 时（a、b、c）和 3 日 08 时（d、e、f）高空天气图

（a）（d）为 500 hPa；（b）（e）为 700 hPa；（c）（f）为 850 hPa

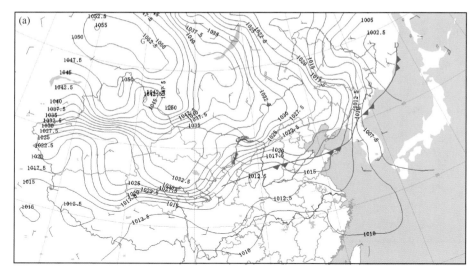

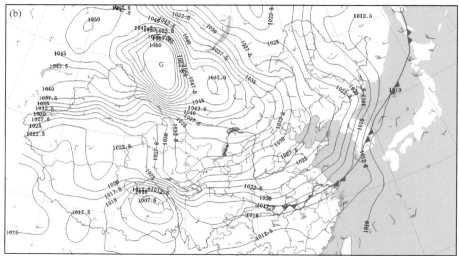

图 4-3-2　2014 年 2 月 2 日 20 时(a)和 3 日 08 时(b)海平面气压场和地面冷锋

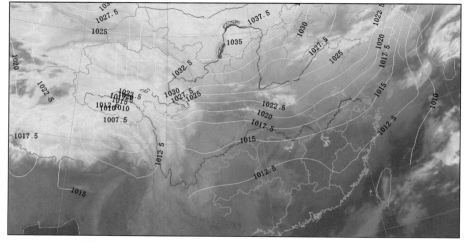

图 4-3-3　2014 年 2 月 3 日 08 时红外云图和海平面气压场

4.3.2　大雾的发生过程

1. 形成

根据地面观测中的地面风、能见度、现在天气、过去 6 小时降水量以及由温度、日变压、海平面气压等要素分析得到不同时刻冷锋的位置(图 4-3-4,2 日 20 时冷锋的位置见图 4-3-2),以及我省灾害性天气的报文中记录的测站发生大雾的时间和能见度(图 4-3-5,最早发生大雾的时刻可从文件记录中查阅,此处省略)可以发现,2 日夜里至 3 日早晨,伴随着冷锋南下,我省 31 个测站先后出现大雾(能见度小于 1000 m)。对比发现各个时次的相似之处是:地面锋线位于发生大雾的测站附近或略偏北的位置,例如太和、固镇在 2 日 20 时左右出现大雾,而此时冷锋位于山东和安徽的交界处尚未进入我省,但随着锋面的靠近,能见度转差,在锋面附近出现大雾天气,同时锋面两侧的温差也大,可达 4℃,据此判断本次锋面雾以冷锋过境时锋际的混合雾为主。

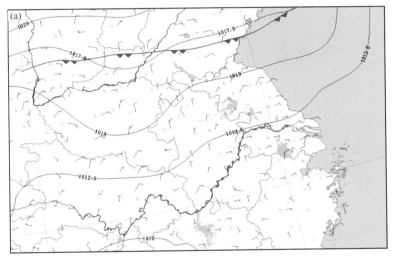

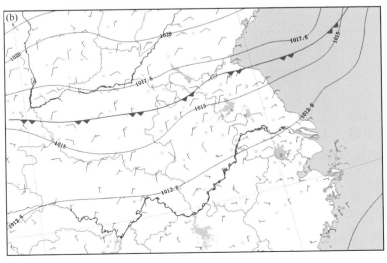

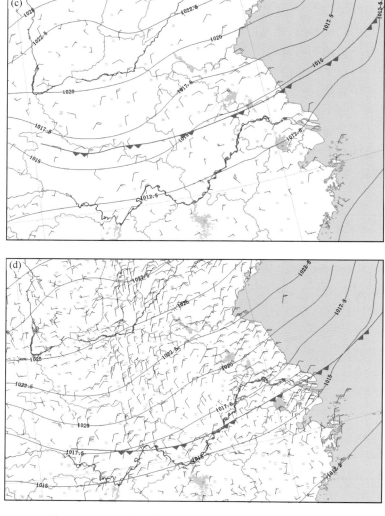

图 4-3-4　2014 年 2 月 2 日 08 时—3 日 08 时地面天气图

(a)2 日 23 时；(b)3 日 02 时；(c)3 日 05 时；(d)3 日 08 时

2. 发展

根据 2 日 20 时至 3 日 08 时高速公路能见度观测记录，自北向南分别选 3 日 02 时、05 时、08 时冷锋附近的 G 蚌埠北、G 肥东、G 九华山（G 表示高速公路能见度观测站）为代表（图 4-3-6），由图可知，随着锋面进入我省并逐渐南压，我省自北向南逐渐出现了不同程度的大雾天气，冷锋经过的沿江江北大部分地区均有大雾发生（除了风速较大的大别山区南部地区），而锋面未到达的江南南部能见度则较好。其中，3 日 02—07 时为我省大雾最严重的时段，沿淮至江南北部相继出现大雾，能见度普遍不足 500 m，江淮之间中部和皖南山区的部分路段出现能见度低于 200 m 的浓雾。

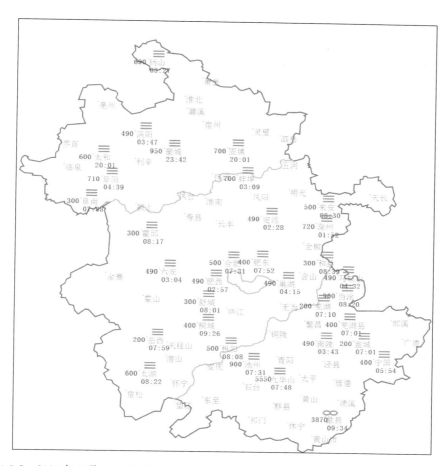

图 4-3-5 2014 年 2 月 2 日 08 时—3 日 08 时安徽省各站出现大雾的时间和能见度(单位:m)

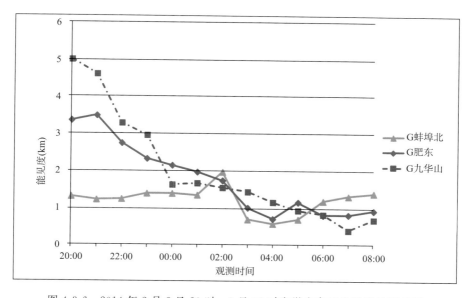

图 4-3-6 2014 年 2 月 2 日 20 时—3 日 08 时安徽省高速公路能见度观测

此外,当冷锋过境出现较弱的锋面降水时,高速公路的能见度仍较差,如 3 日 05 时冷锋位于江淮之间中部,而此时沿淮一带的能见度仍较低,自动观测站上显示有弱降水(1 小时降水量为 0.1~0.3 mm,持续时间为 2~3 小时),雨雾并存,属冷锋后的降水雾。

平均而言,单站大雾平均持续 6~8 小时,其中沿江东部地区持续的时间相对长些,由于这些地区受来自偏东的潮湿气流影响,近地层湿度条件好,在锋面到达之前已出现大雾。

3. 消散

随着冷锋过境,我省风速加大,能见度逐渐好转(图 4-3-7)。

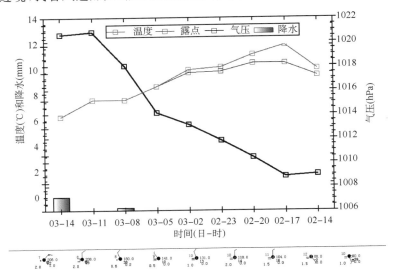

图 4-3-7　2014 年 2 月 2 日 14 时—3 日 14 时合肥站气象要素变化

4.3.3　大雾过程的气象要素特征

1. 风向、风速

根据地面常规观测(图 4-3-7)发现,大雾发生时地面风速较小,为 2 m/s 左右,以北风、东北风为主。锋面过后大雾逐渐散去时,风速增大至 4~6 m/s,风向变化不大。同时,探空(图 4-3-8)显示,1000 hPa 至 850 hPa 之间风向随高度逆转明显,冷平流显著,而 850 hPa 之上温度平流不明显,这种温度平流的垂直分布表明大气层结比较稳定,且冷锋过境前后这种垂直分布仍存在,仅风速有所增加。

2. 逆温层

由南京单站探空(图 4-3-8),对比锋面过境前(2 日 20 时)、后(3 日 08 时)温度和湿度垂直分布可知,冷锋来临前,近地层的逆温主要是由夜间辐射冷却形成,而伴随冷锋过境呈现"Z"形的锋面逆温结构(冷暖气团的温度差异形成锋区内的逆温)。同时,冷锋带来的冷空气,近地层降温显著,特别是 925 hPa,南京站 12 小时内 925 hPa 温度下降了 10℃以上(宝山站类似,图略)。

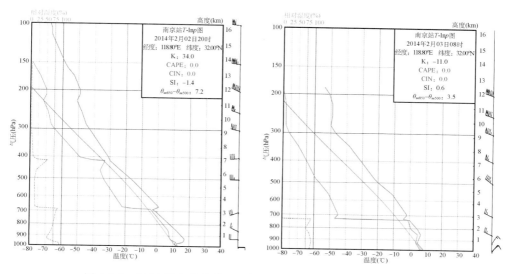

图 4-3-8　2014 年 2 月 2 日 20 时(a)和 3 日 08 时(b)南京站探空图

3. 温度、湿度、气压

首先,随着锋面的靠近,温度、露点温度均下降明显,近地层空气逐渐达到饱和,而气压升高明显。例如,合肥站(图 4-3-7)3 日 05—08 时气压升高明显(约 4 hPa),再结合风、温度等的变化推断,3 日 05—06 时锋面经过合肥。

其次,从温湿的垂直分布来看(图 4-3-8),冷锋来临前,700 hPa 以下的大气温度露点曲线比较靠近,相对湿度较高;冷锋过后,相对湿度仍较高甚至更湿,但 700 hPa 之上的大气变得更干,湿度下降明显,这与冷锋后部带来的干冷空气有关。

此外,由于锋面逆温造成近地层湿度大,水汽易达到饱和,抬升凝结高度降低,空气中的水汽容易上升到抬升凝结高度,从而形成直径很小的小水滴。除锋面降水外,这个过程也在一定程度上促进了雨雾的形成。

4.3.4　小结

本次安徽省较大范围的锋面雾过程是在高空低槽东移南压,地面冷锋南下的天气背景下形成的。以冷锋到达时,锋面两侧气团发生混合作用而形成锋际的混合雾为主。冷锋过境后在刚出现降水的时段里,雨雾并存属于冷锋后的降水雾(维持 2～3 小时)。平均而言,单站大雾平均持续 6～8 小时。随着冷空气的进一步南下,地面风速加大(4～6 m/s),能见度好转,大雾消散。

另外,就形成大雾的气象条件而言,大气层结稳定(低层冷平流),地面风速小(2 m/s 左右),锋面两侧气团之间的热力差异明显(温差 4℃左右)以及锋面逆温的存在是锋面雾形成的有利因子。

4.4　2014 年 1 月 12—20 日　雾和霾

根据中华人民共和国气象行业标准(QX/T113—2010)《霾的观测和预报等级》,将霾定义为大量极细微的干粒子等均匀地浮游在空中,使水平能见度小于 10.0 km 的空气普遍混浊现象。霾的观测判识条件为:

(1)能见度<10.0 km,相对湿度小于80%,排除视程障碍天气现象,判识为霾;

(2)当相对湿度为80%~95%时,按照地面气象观测规范规定的描述或大气成分指标进一步判识,并将霾按能见度分为四个等级:轻微霾($5.0\text{ km}\leqslant V<10.0\text{ km}$),轻度霾($3.0\text{ km}\leqslant V<5.0\text{ km}$),中度霾($2.0\text{ km}\leqslant V<3.0\text{ km}$),重度霾($V<2.0\text{ km}$)。

另外,根据中国气象局下发的《霾预警信号修订标准》中能见度和相对湿度的预警标准,下面将着重分析出现能见度<5.0 km 的霾(根据霾的判识条件)时,大气温度层结、风、相对湿度与温度等要素特征。

4.4.1 天气实况

2014 年 1 月 12—20 日,我省持续出现大范围雾霾天气(图 4-4-1)。出现能见度<5.0 km 和能见度<3.0 km 霾最多的区域为六安、合肥到马鞍山一线以北地区。以能见度<5.0 km 霾为例,其中砀山、宿州、涡阳、六安、滁州、巢湖和马鞍山等 9 个县(市)出现 9 天,持续时间最长;其次是阜阳、蒙城、蚌埠和定远 4 个县(市)为 8 天;再次为肥西(5 天)、合肥(4 天)、凤阳(3 天)。其他县(市)均在 2 天以内。而在六安、合肥到马鞍山一线以南地区能见度<5.0 km 和能见度<3.0 km 霾明显少于其以北区域。仍以能见度<5.0 km 霾为例,祁门、休宁以 5 天为最多;其次,南陵、太平、宁国、歙县为 4 天;再次是安庆、池州和庐江,为 3 天,其余县(市)大多≤1 天。能见度<3 km 霾的分布情况与能见度<5 km 霾的分布基本一致。能见度<1 km 的霾,界首、宿州和滁州等各出现 1 次。因此,此次霾的特点是持续时间长、强度大、分布范围广,但区域分布不均匀。

从能见度<5.0 km 霾出现时间的先后次序看(图略),六安、合肥到马鞍山一线以北地区部分县(市)从 12 日起一直持续到 20 日;其以南区域从 13 日开始相继出现能见度<5.0 km 的霾,但在 15 日出现间断,几乎所有县(市)均未出现能见度<5.0 km 的霾。从每天出现的站数看(图 4-4-2),从 12 日至 20 日,出现两个波峰,分别在 13 日(22 站)和 18 日(46 站)。因此,下面将着重分析 12—13 日、15—18 日霾增多和 13—15 日、18—20 日霾减少过程中大气的温度层结、风、降水等因素对霾的影响。

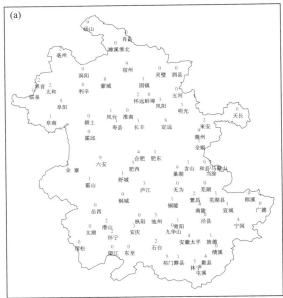
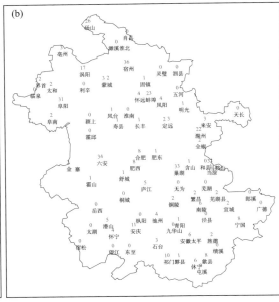

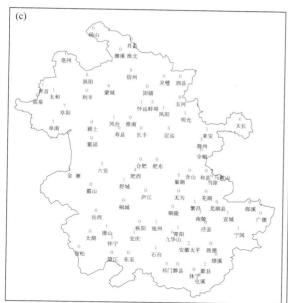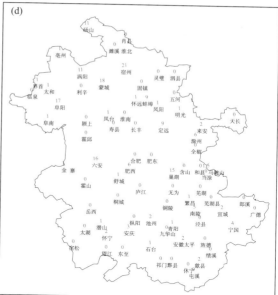

图 4-4-1 2014 年 1 月 12 日 02 时—20 日 23 时霾的天数、次数
(a)能见度<5 km 霾出现的天数;(b)能见度<5 km 霾出现的次数;(c)能见度<3 km 霾出现的天数;
(d)能见度<3 km 霾出现的次数

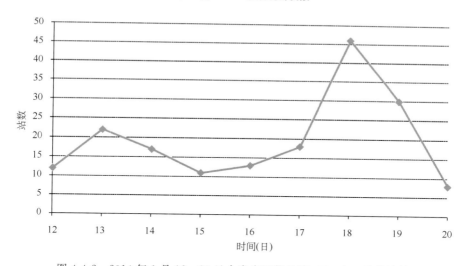

图 4-4-2 2014 年 1 月 12—20 日全省出现能见度<5.0 km 霾的站数

另外,在出现霾的同时,部分地区还伴有大雾(能见度<1.0 km,相对湿度≥80%),并且雾、霾出现的区域相互重叠。如 13 日 08 时—14 日 08 时大雾分布在江北西部和江南地区(共 22 个台站,图略),能见度<5.0 km 的霾出现的范围有所增大,主要分布在江北部分地区,并与大雾区域相重叠。以阜阳为例,13 日 14 时出现能见度 1.6 km 的霾,到 20 时出现能见度 0.9 km 的大雾,并持续到 14 日 11 时(能见度 0.9 km),到 14 日 14 时又转为能见度 3.0 km 的霾。因此,这次雾霾天气另一特征是雾和霾相互转换,出现的区域相互重叠。

4.4.2　环流形势分析

500 hPa 高度场上(图略),2014 年 1 月 12—20 日,亚洲中高纬地区以西高东低环流形势为主,安徽全省上空盛行西北气流;但期间多短波槽补充东移并过境安徽。具体来说影响较明显的主要有三次低槽过境过程,即 13—14 日、15—16 日和 19—20 日。

低层 850 hPa 上(图略),2014 年 1 月 12 日 08 时,从浙江北部到安徽南部有冷式切变线,且温度露点差较小,湿度较大,受其影响,我省江南阴天,部分地区有小雨。12 日 20 时到 15 日,我省受反气旋控制,全省无降雨,但多中高云系。16 日 08 时,受华北北部气旋南侧低槽前西南气流影响,但温度露点差较大,相对湿度小,全省云系较多,无降水。之后华北北部气旋东移减弱,我省转受西北气流控制,全省晴空无云。到 19 日 08 时,从河北中部、河南东部到湖北中部有低槽发展,我省沿江江北受其槽前西南气流影响,但相对湿度小,江南处于反气旋西北侧的偏南气流之中。江北地区多云,江南晴天。之后随着低槽东移南压,江南云系逐渐增多转为多云,江北受槽后西北气流控制,天空云系逐渐减少。到 20 日 20 时,全省处于西北气流控制,全省天气晴好。

地面上(图 4-4-3),从 2014 年 1 月 12—20 日贝加尔湖西部始终维持高压环流,但其东南侧多弱高压东移南下影响我省,且分别对应 500 hPa 上低槽东移过程。在气压梯度上我省基本维持 1～2 条等压线(2.5 hPa 等值线间隔)或均压区。到 20 日 05 时,气压梯度(约 1.9 Pa/km)增大。再者,这种西高(压)东低(压)的配置一直维持到 20 时,使得我省风向始终保持西北偏北风,有利于空气污染物的扩散。

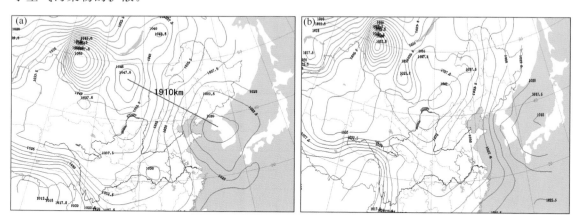

图 4-4-3　2014 年 1 月 20 日 05 时(a)和 17 时(b)海平面气压场(单位:hPa)

4.4.3　地面风速和湿度特征

分析全省风速变化与出现能见度<5.0 km 霾站数变化的关系(图 4-4-4)发现,霾出现的站数与当天的风速大小有关系,但并不是唯一决定性因子。如 13 日出现的平均风速明显大于 12 日平均风速,但是霾出现的站数却增多。13—14 日,平均风速略有减小(减小不足 0.5 m/s),但 15 日的平均风速较 14 日增大约 0.5 m/s。15 日,能见度<5.0 km 霾的站数显著减小。18 日,地面平均风速较 17 日和 19 日均小 0.5 m/s 左右,能见度<5.0 km 霾的站数达到最多 46 站。20 日,地面平均风速达到最大,2.5 m/s,能见度<5.0 km 霾的站数显著较少(8 站),直至完全消散。

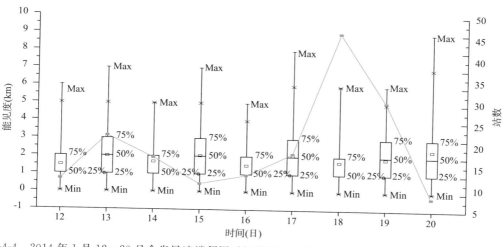

图 4-4-4　2014 年 1 月 12—20 日全省风速端须图时间序列与能见度<5.0 km 霾的站数时间序列(红线)图

从 2002—2013 年出现能见度<5.0 km 霾的风速统计看(图 4-4-5),出现能见度<5.0 km 霾的平均值和中位数是(约)2 m/s,75％分位为 3 m/s,10％、25％分位均在 1 m/s 附近,风速分布较对称。因此,2～3 m/s 可作为出现能见度<5.0 km 霾的地面风速阈值。

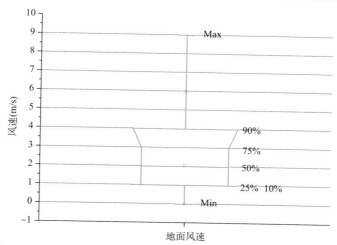

图 4-4-5　2002—2013 年出现能见度<5.0 km 霾的地面风速端须图

以阜阳站(图 4-4-6)为例分析可知,地面能见度(霾)不仅与风速相关,还与地面相对湿度关系密切。从地面相对湿度变化趋势与能见度变化趋势看,基本呈反相关。如 13 日 14 时—14 日 14 时,风速 1～3 m/s(多为 2 m/s),风向维持东南偏东风,因此,风对污染物的扩散能力基本处在同一水平,可以只考虑相对湿度对能见度的影响。从 13 日 14 时—14 日 08 时,能见度从 1.6 km 不断下降到 0.6 km,而相对湿度从 71％上升至 92％,由霾逐渐转换为大雾。到 14 日 14 时能见度达到 3 km,相对湿度下降至 63％,又由大雾转换为霾。另外,18 日 02 时—19 日 08 时,风速为 1～3 m/s,相对湿度从 18 日 02 时 84％增大到 08 时 90％,能见度从 1 km 减低至 0.5 km(形成大雾),而到 18 日 17 时相对湿度减小到 70％,能见度上升至 1.2 km(转为重度霾),之后相对湿度不断上升到 19 日 11 时的 99％,能见度逐渐减小为 19 日 11 时的 0.4 km(最小能见度出现在 19 日 08 时左右,能见度<10 m,再次转换大雾)。19 日 11—14 时,相对湿度迅速下降为 38％,风速

从 2 m/s 增大到 5 m/s,能见度由 0.4 km 上升到 3.7 km(转换为霾)。到 20 日 14 时,相对湿度振荡下降到 19%,风速再次增大到 5 m/s,能见度更是上升为 14 km;霾消散。

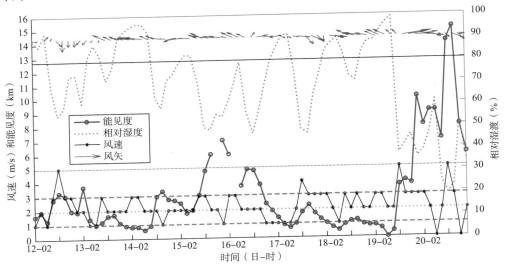

图 4-4-6 2014 年 1 月 12 日 02 时—20 日 20 时阜阳站地面能见度、相对湿度、风速和风矢的时间序列

4.4.4 大气温度的垂直层结

从大气温度垂直层结条件看,2014 年 1 月 12 日 08 时—20 日 20 时,阜阳、安庆、南京和徐州四个探空站分别出现逆温或等温层 15 次、15 次、13 次和 13 次(14 日 20 时文件缺失)。可见在这 9 天中我省大部分地区,长时间处在具有逆温(等温)层结的稳定大气中,不利于大气中污染物的扩散,较易形成雾霾天气。

仍以阜阳探空站分析,作 12 日 02 时—20 日 23 时每三小时间隔的温度曲线、1000 hPa 和 925 hPa 温度以及逆温层厚度条形图的时间序列图(图 4-4-7)。分析可知,能见度基本随着逆温层结厚度的升高或降低而减小或增大。如 13 日 14 时—14 日 08 时,能见度从 1.6 km 不断下降到 0.6 km,逆温层结从 13 日 20 时 1000 hPa 附近(逆温厚度为 240 m)上升到 14 日 08 时的 925 hPa 以上(逆温层厚度为 815.6 m)。到 14 日 10 时地面气温仍在 0℃以下,为 -0.7℃,逆温层仍然维持,大雾持续,11 时地面气温为 1.3℃,逆温层结开始消失,能见度逐渐增大到 0.9 km,14 时地面气温达 6.1℃,逆温层结已经消失,能见度达到 3 km。另外,18 日 17 时能见度 1.2 km(重度霾),到 19 日 11 时能见度逐渐减小为 0.4 km(最小能见度出现在 19 日 08 时左右)。在温度的垂直层结上,18 日 20 时,逆温层高度已超过 925 hPa(厚度为 900 m),至 19 日 08 时逆温层高度进一步升高,厚度增大为 1744 m。而能见度此时也达到最低<10 m。19 日 11 时,地面气温为 0.4℃,大于 08 时 1000 hPa 温度 -1.0℃,但小于 925 hPa 温度 4℃,逆温层未完全破坏。但到 14 时地面气温上升至 10.4℃,能见度上升到 3.7 km。

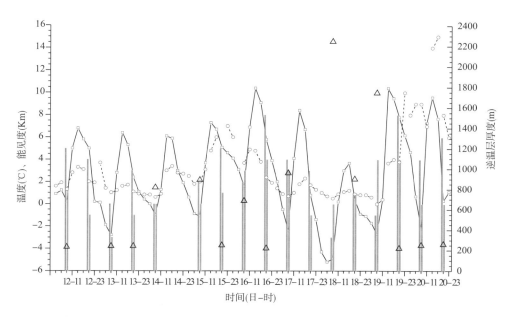

图 4-4-7　2014 年 1 月 12 日 02 时—20 日 23 时阜阳站地面、1000 hPa、925 hPa 温度、逆温层厚度和能见度
（黑色实线：地面气温；红色条形：1000 hPa 气温；玫红色条形：925 hPa 气温；黑色三角形：逆温层厚度；黑色圆点：能见度）

4.4.5　卫星云图分析

在卫星云图上，大范围的大雾天气也能被较好的监测到。13 日夜里到 14 日上午从红外云图和可见光图上可以监测到几块明显的大雾区域（图 4-4-8）。在 14 日 00 时 30 分，红外云图上，河南、湖北、安徽、山东和江苏上空均无云系活动，但地表温度较低，因此地面呈现较浅的灰色，而巢湖水面（图 4-4-8，b 中 B 区）温度略高，颜色呈蓝色，巢湖中心姥山站气温为 3.1℃（水体温度应

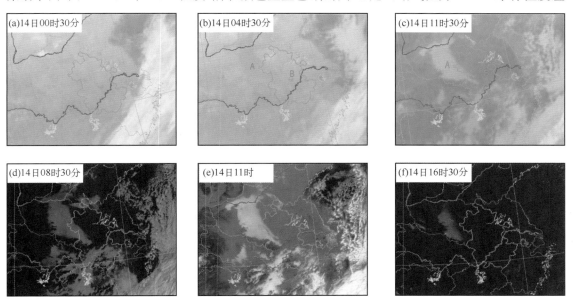

图 4-4-8　2014 年 14 日 00 时 30 分—16 时 30 分红外云图（a、b、c）和可见光云图（d、e、f）

该高于此温度),同期合肥为 0.1℃,阜阳为 0.7℃。此时地面还没有大规模的大雾出现(图略),到 04 时 30 分(图 4-4-8b),可以发现,在河南中部到安徽西部(A 区)有一大片颜色与巢湖水面(B 区)颜色相近的区域,这表明这一带区域的地面温度与巢湖水面温度相当,较本省其他地区温度高。此时,地面上巢湖姥山站为 0.5℃,而六安到阜阳一带均为 −1~0℃,合肥以东区域温度为 −4~−1℃。但对比湖面颜色与图 a 无明显变化,因此可以推断,B 区温度要高于 0.5℃,而 14 日 08 时阜阳站探空逆温层最高气温为 2℃,这可以推断 A 区上空被较高温度的物体覆盖(雾)。高速公路能见度监测显示(图 4-4-9),本省西部出现大范围低能见度站点,表明有大范围雾出现。至 14 日 11 时 30 分(图 4-4-8c),A、B、C 三片区域为灰白颜色,A 区边界整齐、平滑,B 区与巢湖形状相似。再从可见光图看(图 4-4-8e),A 区灰度比 C 区灰,C 区云顶白亮,云顶较高,A 区云(雾)顶较低,这表明 C 区为云,而 A 区仍有大雾,B 区上空有薄雾形成。到 16 时 30 分,我省上空无云(雾)覆盖,但 A 区河南部分的上空仍有大雾维持。

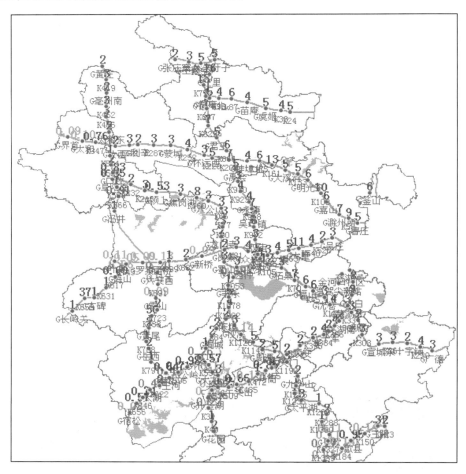

图 4-4-9　2014 年 1 月 14 日 4 时 30 分高速公路能见度(单位:km)

4.4.6　小结

通过对地面风、相对湿度、海平面气压、温度、1000 hPa 和 925 hPa 上的温度、风以及卫星

云图的分析,得到以下几点结论:

(1)地面风速长时间维持在 $1\sim3$ m/s,有利于雾霾天气的形成。

(2)地面相对湿度长时间维持在 60% 以上,对地面能见度产生较大影响,使其维持在较低水平。相对湿度显著减小后,能见度明显上升,此次雾霾天气结束。

(3)逆温层的频繁出现和长时间的维持,不利于地面污染物的扩散,是此次雾霾天气长时间维持的重要因素。

(4)在红外云图和可见光云图上,可以清晰地监测到大范围雾的形成和消散。

第 5 章　高温

概　述

1. 环流形势

安徽省的高温天气,5—6月以淮北地区为主,7—8月以全省性高温为主。以梅雨期为界,可分为初夏高温和盛夏高温两个阶段。初夏高温主要受西风带暖高压脊影响,在西来槽后下沉气流增温及强烈暖平流作用下形成;盛夏高温主要受副热带高压控制,由下沉增温与地面热量辐射作用形成。下面介绍高温天气的主要环流形势。

（1）经向副高类

500 hPa副高稳定控制日本南部洋面至长江中下游地区,588 dagpm线西伸至110°E以西,江淮地区高度值在588 dagpm以上,上海和南京有时高达592 dagpm以上;亚洲中纬度环流较平直,巴尔喀什湖至贝加尔湖为低压(槽),北方无明显冷空气侵入。由于副高稳定控制我省,西来槽受阻而停滞或减弱于河套以西,或沿外围向东北方向移去。我省以晴热天气为主,易出现持续性的全省高温。

（2）纬向高压类

500 hPa副高呈东西带状并与青藏高压配合,可能有2～3个中心,分别在海上及大陆上,亚洲中高纬度西风平直,赤道辐合带位置偏北,588 dagpm线北抬至35°N以北。由于副高成带状,淮北北部受副高边缘影响有雷阵雨,江南受东风气流影响也有云系发展。因此,此类形势下的高温不及经向类严重。

（3）青藏高压东进型

500 hPa西太平洋副高偏东,青藏高压(或称大陆副高、大陆高压)588 dagpm线东扩至100°E以东,控制我省。沿海为一浅槽,云贵高原经长江流域到华北南部为暖温度脊,我省地面在暖低压区内。这种形势突出反映了高原热源与我省高温天气的密切关系:当高原暖脊或暖中心移出高原时,我省高温开始;当高原暖中心消失时,我省气温明显下降,高温随之结束。青藏高压的东进与高原增暖区的东扩,是产生我省持续高温的重要因素之一。

2. 预报着眼点

（1）出现安徽省高温天气时,不论是西太平洋副热带高压,还是大陆高压,其地面和高空图上均表现为:

①我省及周边地区必须是晴天少云;

②850 hPa上从青藏高原到黄淮地区为暖温度脊,850 hPa江淮地区温度≥20℃;

③700 hPa 上高原东部到江淮地区温度≥12℃,或高原到黄淮为暖脊,江汉平原到江淮地区有 12℃以上的暖中心;

④500 hPa 图上,四川到高原东部有 0℃线的暖中心,—4℃的暖温度脊从青藏高原伸到黄淮地区。

(2)着重分析副高及周边系统的变化和影响,判断高温天气的开始、持续和结束。

①高温天气是副高控制的产物。副高的稳定及变动既有半月左右的长周期,又有一周左右的中短周期。6～7 天的变化主要是东西进退,往往表现为 1～2 天向东退后,1～2 天西进加强,而后稳定 3 天左右。如短期增强处于长周期偏强阶段,副高西进稳定时间更长,这往往是高温天气的开始或持续。若短期东退正遇副高由偏强走向偏弱的长周期,那么,东退会更加显著,这往往预示高温天气的结束。

②青藏高压的影响。盛夏期间青藏高压和西太平洋高压往往处于同一纬度上,高原高压东移有暖平流及正变高东扩,往往与西太平洋副高合并,使之加强,常使我省高温天气开始或持续更长时间。

③台风影响或破坏。当台风在副高南侧(距副高脊线 5 个纬距以上)西行时有利于副高稳定或西伸,我省高温持续;当台风强大时,则可能北上而破坏副高的稳定状态,甚至将其分裂两环,我省高温结束。

④西风低槽冲击。当西风带有大槽东移时,将会迫使副高不断东退,也会使我省高温天气结束。

⑤当副高脊线超过 27°N 后,江淮梅雨结束,3～6 天后可出现高温。

5.1 2013 年 8 月 5—18 日 高温

5.1.1 天气实况

2013 年 8 月 5—18 日高温站点数涉及 70 多个县(市),14 天的连续高温中有 11 天高温站点数达 78～79 个,即此期间除高山站,持续高温天气覆盖全省,38℃以上高温站点数也基本在全省半数县(市)以上,为 1961 年以来大范围高温天气持续时间之最。8 月 6—13 日出现极端高温天气,这 8 天每天超过 40℃的站点数都在 10 个以上,其中 10—12 日高温强度最强,高温范围覆盖全省,超过 38℃的高温站点数达 60 个以上,大别山区和沿江江南最高温度超过 40℃的站点超过 20 个,有 21 个县(市)突破历史极值。8 月 10 日泾县最高气温高达 42.7℃。

5.1.2 天气形势

8 月 5 日 08 时 500 hPa 形势场上,我省合肥以南位于 588 dagpm 线的控制之下,之后副高不断加强北抬,至 6 日 20 时,592 dagpm 线开始控制我省江南地区。5—15 日这段时间内,副高一直很强盛,588 dagpm 线控制我省大部分地区,副高脊线基本都在 30°N 附近,(30°N,120°E)处位势高度基本都超过 590 dagpm。北方虽有弱冷空气活动,但位置偏北,对我省高温的缓解没有起到有效作用。期间副高中心有两次明显加强,一次为 6—8 日,592 dagpm 线北抬影响我省合肥以南的大部分地区;另一次为 10—11 日,592 dagpm 线主体(副高中心)虽然位于江苏东部海面,但有一个明显西伸加强过程,而这时副高脊线基本位于 32°N 附近(图 5-1-1),

这些都表明副高势力很强,加之前期积温较高,这些都是造成 8 月 10—12 日全省极端高温天气的主要原因。

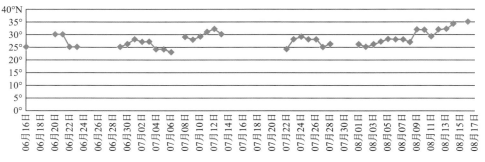

图 5-1-1　2013 年 6 月 16 日—8 月 17 日 120°E 副高脊线位置演变图

而从 850 hPa 温度分布看,5 日 08 时,我省大部分地区位于 20℃ 线内,河南、山东境内有两个 24℃ 的暖中心,之后随着副高加强,24℃ 线迅速控制我省,6—14 日,我省大部分地区都位于 24℃ 温度线控制内。而从中高层的温度变化看,5—18 日,700 hPa 温度基本都在 12℃ 以上,最高达到 15℃,而 500 hPa 温度维持在 −4～−6℃,几层温度都达到了安徽高温预报的指标,因而这次高温的强度和持续时间都是有气象历史资料以来少见的。

19 日后有热带低值系统北上,受台风外围云系影响,全省高温天气得以缓解。

5.2　2011 年 6 月 7—9 日　高温

5.2.1　天气实况

2011 年 6 月 7 日有 6 个县(市)出现 35℃ 以上的高温天气,8 日高温范围迅速扩大至江北大部分地区,淮北超过 40℃ 的有 11 个县(市),最高淮北、界首市均达到 40.9℃,与历史同期(1971—2000 年整编资料的同期)相比有 6 个县(市)打破最高纪录。

5.2.2　天气形势

6 月 7 日 08 时,辽宁经山东至安徽北部有低槽存在,低槽后部陕西一带有高压脊发展,588 dagpm 线基本位于华南沿海;8 日 08 时,高压脊进一步加强发展,陕西、湖北一带有中心强度为 584 dagpm 的高压中心生成,安徽位于高压中心的下游,随着高压脊的东移,安徽省的位势高度不断升高。850 hPa 温度场上,7 日 20 时(图 5-2-1,陕西南部有非常强的暖平流输送,导致陕西南部、湖北西部有中心强度为 31℃ 的暖中心生成,24 小时变温最大达 8℃;之后暖中心东移,经湖北影响安徽,8 日 20 时,安徽全省温度升至 24℃ 以上,阜阳站的温度更是到达了 26℃,相比低层的显著增暖,这次过程中中高层的增暖并不明显,700 hPa 的温度一直维持在 11～13℃,而 500 hPa 的温度也没有达到我省高温的一般标准。

9 日,北方有低槽东移,下午开始淮北西部和合肥以南陆续出现雷暴,并伴有雷雨大风天气(舒城 18 m/s,庐江 20 m/s)和短时强降水,全省高温天气结束。9 日,大别山区和皖南山区共有 14 个县(市)出现暴雨,其中 5 个县(市)大暴雨,都位于黄山市境内,黄山市最大,211.9 mm;10 日,降雨大值区北抬,沿江有 15 个县(市)出现暴雨,九华山最大,145.1 mm。

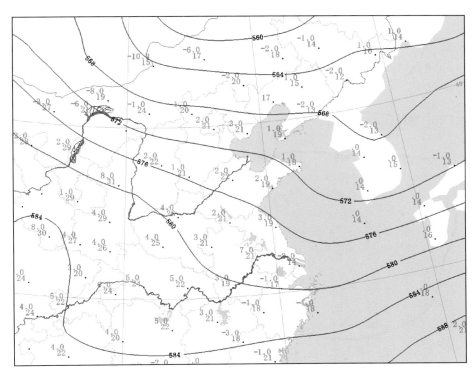

图 5-2-1　2011 年 6 月 7 日 20 时 500 hPa 形势场和 850 hPa 温度、24 小时变温叠加图

5.3　2010 年 7 月 29 日—8 月 5 日　高温

5.3.1　天气实况

2010 年 7 月 29—31 日，我省受大陆高压控制，江北大部分地区和江南东北部出现 35℃ 以上的高温天气，其中 30 日淮北中部最高气温超过 37℃。8 月 1 日起副热带高压西伸加强，控制我省，全省进入持续晴热高温天气。2 日淮河以南、3—4 日全省、5 日淮河以南普遍出现 37℃ 以上的高温天气，部分地区超过 39℃，其中 4 日芜湖县最高，41.4℃；3 日芜湖县、青阳，4 日沿江江南有 11 站最高气温超过 39℃。

5.3.2　天气形势

7 月 28 日 20 时起，随着东北冷涡的逐渐东移北缩，控制河套地区的大陆高压逐渐东伸；29—31 日，我省江北受大陆高压控制（图 5-3-1），江南处于西太平洋副热带高压和大陆高压之间的辐合带中。同时 850 hPa 上暖温度脊从河套地区伸向我省北部，全省 850 hPa 温度都达 20℃ 以上，特别是北部地区可达 22℃ 以上，江北大部分地区和江南东北部出现 35℃ 以上的高温天气，30 日，阜阳站 850 hP 温度高达 24℃，同日我省淮河中部最高气温超过 37℃。7 月 30 日 20 时起，副高开始加强西伸，并和大陆高压合并，全省受副高控制，8 月 1—5 日，120°E 副高北界位于 37°~40°N，副高脊线主要位于 27°~32°N。尤其是 4—5 日，副高脊线达到 30°~31°N（图 5-3-2）。卫星云图（图 5-3-3）也显示云带主要位于华北，安徽基本处在副高内的无云区，

592 dagpm 的高压中心在安徽、江西和湖北三省交界处。

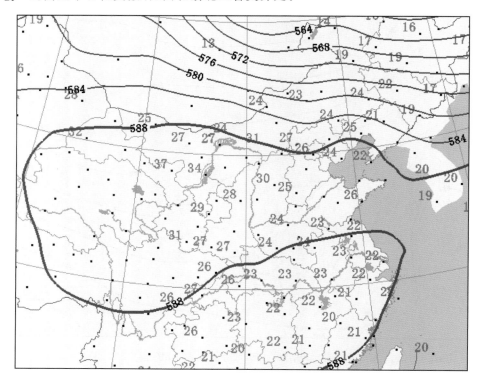

图 5-3-1　2010 年 7 月 30 日 20 时 500 hPa 形势场和 850 hPa 温度叠加图

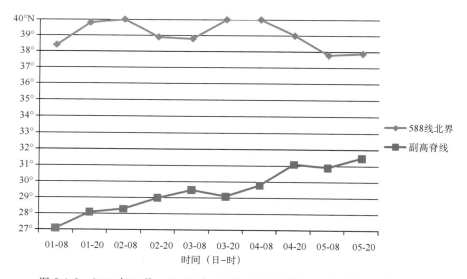

图 5-3-2　2010 年 8 月 1 日 08 时—5 日 20 时 120°E 588 线北界和副高脊线

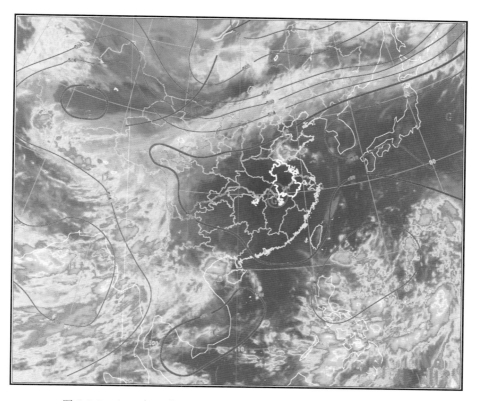

图 5-3-3　2010 年 8 月 4 日 08 时红外云图和 500 hPa 高度场叠加图

7 月 29 日—8 月 5 日(图 5-3-4),850 hPa 温度为 21～25℃,700 hPa 温度为 12～16℃,500 hPa温度为−4～0℃,达到安徽总结的高温预报指标(850 hPa≥20℃;700 hPa≥12℃;500 hPa≥−4℃)。综上所述,这次高温天气分为两段,7 月 29—31 日主要是我省江北受大陆高压控制,低层温度高,江北和江南东北部出现高温天气;8 月 1—5 日我省转受副高控制,同时 850 hPa 和 700 hPa 温度比较高,达到安徽高温预报指标,全省出现高温天气。

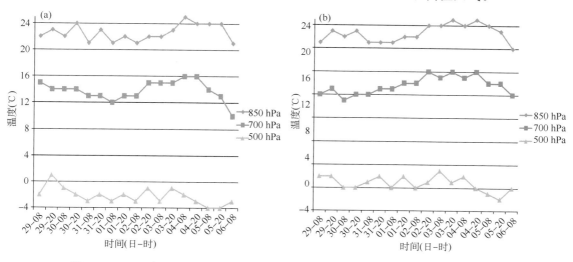

图 5-3-4　2010 年 7 月 29 日 08 时—8 月 6 日 08 时阜阳站(a)和安庆站(b)高空温度

6 日副高略有东退,我省处于大陆高压和副高之间的辐合区内,东北到华北有一西风槽,华南到江南受东风波影响。受低槽和东风波共同影响,全省部分地区出现雷阵雨,高温天气有所缓和,大部分地区最高温度降至 35℃ 以下。8 月 5 日夜里,我省淮北中部和淮河以南大部分地区出现雷阵雨天气,雨量分布不均。望江、宿松、太湖的部分地区雨量较大(宿松出现暴雨,降雨量为 63 mm)。此外,5 日夜里到 6 日凌晨当涂、桐城、潜山、歙县和太湖这 5 个县(市)出现 17 m/s 以上(7 级)雷雨大风,太湖县最大,为 26 m/s(10 级)。

5.4　2009 年 7 月 18—20 日　高温

5.4.1　天气实况

2009 年 7 月 17 日全省大部分地区、18—20 日淮河以南均出现 36℃ 以上的高温天气,部分地区超过 38℃,其中 17 日宣城最高,达 40.5℃;18 日肥西,19 日石台、泾县和黄山区的最高气温均超过 39℃。

5.4.2　天气形势

7 月 15 日起,西太平洋副热带高压开始加强,16 日开始控制安徽大部分地区,120°E 副高北界位于 34°～37°N,副高脊线主要位于 28°～31°N。尤其是 17—20 日,副高北界达到 35°～37°N,脊线 30°～31°N(图 5-4-1)。卫星云图也显示云带主要位于华北,安徽处在副高内的无云或少云区,见图 5-4-2。

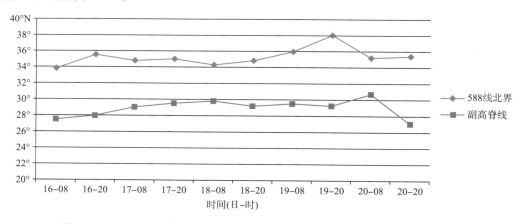

图 5-4-1　2009 年 7 月 16 日 08 时—20 日 20 时 120°E 588 线北界和副高脊线

7 月 16—20 日,850 hPa 温度为 21～26℃,700 hPa 温度为 12～16℃,500 hPa 温度为 −2～0℃,达到安徽总结的高温预报指标(850 hPa≥20℃;700 hPa≥12℃;500 hPa≥−4℃)(图 5-4-3)。

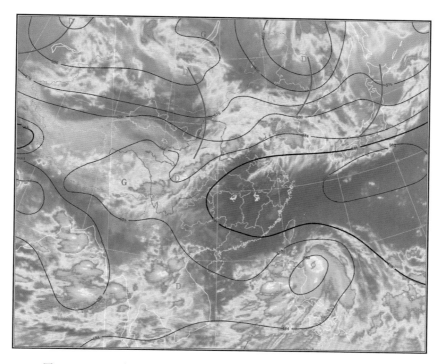

图 5-4-2　2009 年 7 月 17 日 08 时红外云图和 500 hPa 高度场叠加图

（粗黑线为 588 线）

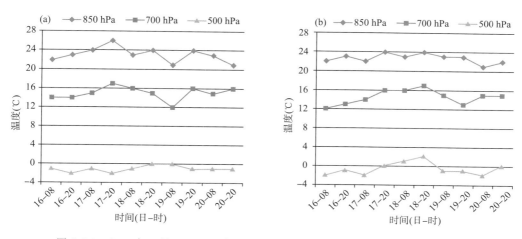

图 5-4-3　2009 年 7 月 16 日 08 时—20 日 20 时阜阳站（a）和安庆站（b）高空温度

综上所述，这次高温天气主要是雨带北抬到华北后，安徽转受副高控制，同时 850 hPa 和 700 hPa 温度比较高，达到安徽高温预报指标。

受中高纬冷空气频繁活动影响，副热带高压减弱南退，21—24 日，我省自北向南有一次明显降水过程：21 日，沿江江北出现 11 个县（市）暴雨，其中 6 个县（市）大暴雨（凤台、凤阳、含山、和县、马鞍山、当涂）；22 日，沿淮淮北有 17 个县（市）暴雨，其中 8 个县（市）大暴雨；23 日，雨带南压至合肥以南，共有 17 个县（市）暴雨，其中 5 个县（市）大暴雨；24 日，雨带进一步南压，江南南部出现 5 个县（市）暴雨。

5.5 2007 年 5 月 25—29 日 高温

5.5.1 天气实况

2007 年 5 月 25—29 日,沿淮淮北大部分地区出现高温天气,最高气温为 35～38℃,旬平均气温为历史同期最高。

5.5.2 天气形势

5 月 25 日 08 时,500 hPa 上东北地区有低涡存在,东部沿海维持一低槽,安徽位于低槽后部的西北气流控制下,副高(588 线)主要位于华南沿海;之后(图 5-5-1)东北低涡东移,河套南部经河南至安徽北部一带有暖脊发展,受此高压脊的影响,北方冷空气移动路径偏北,而南支槽主要影响我省南部地区,安徽淮北出现一段时间的连续高温天气。850 hPa 温度场上,25 日 20 时,甘肃、宁夏附近有较强的暖平流输送,河套西部有中心强度为 24℃ 的暖中心生成,后期暖脊不断东伸影响安徽北部,我省淮北 850 hPa 的温度基本都在 20℃ 以上,27 日 20 时,阜阳和徐州两站的温度发展到了 22℃,过程中中高层的增暖并不明显,700 hPa 的温度一直维持在 8～10℃,而 500 hPa 的温度也低于 −5℃。中高层的温度是导致这次高温范围不大、强度不强的主要原因。

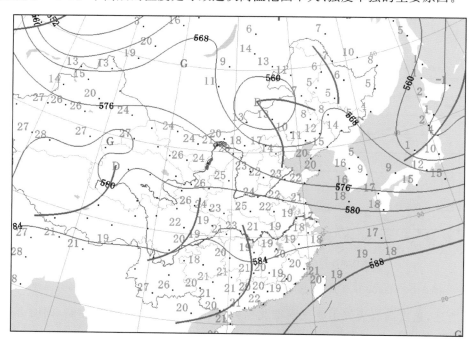

图 5-5-1　5 月 27 日 20 时 500 hPa 形势场和 850 hPa 温度叠加图

30 日,暖脊东移出海,北方有冷空气南下,受其影响全省有一次明显降雨过程,30 日沿江江北出现雷阵雨,其中大别山区南部大雨;31 日沿江江南 14 个县(市)暴雨,6 个县(市)大暴雨,安庆最大,达 163 mm。

附表1 安徽省近十年暴雨个例

日期	暴雨落区	暴雨类型
2005 年 4 月 9 日	沿江地区	暖切暴雨
2005 年 4 月 29—30 日	江北西部和沿江江南	暖切暴雨
2005 年 6 月 9 日	沿淮、大别山区	暖切暴雨
2005 年 6 月 25 日	淮北西北部	梅雨锋暴雨
2005 年 6 月 26—27 日	沿江江南	梅雨锋暴雨
2005 年 7 月 6—10 日	沿江淮北	梅雨锋暴雨
2005 年 7 月 11 日	沿江江南	梅雨锋暴雨
2005 年 7 月 27 日	沿淮淮北	低槽暴雨
2005 年 8 月 1—2 日	沿淮淮北	低槽暴雨
2005 年 8 月 3 日	沿江地区	低槽暴雨
2005 年 8 月 22 日	江北中西部	低涡暴雨
2005 年 8 月 29 日	淮北、沿江	暖切暴雨
2005 年 9 月 2—3 日	淮河以南	台风暴雨（201513"泰利"）
2006 年 1 月 18 日	江南	暖切暴雨
2006 年 5 月 5 日	江南	低槽暴雨
2006 年 5 月 8 日	沿江江南南部	暖切暴雨
2006 年 5 月 27 日	江淮之间东部	低涡暴雨
2006 年 6 月 21—22 日	淮北	低涡暴雨
2006 年 6 月 28 日—7 月 5 日	全省	梅雨锋暴雨
2006 年 7 月 9—10 日	江北	暖切暴雨
2006 年 7 月 21—22 日	沿淮淮河以南	暖切暴雨
2006 年 8 月 6 日	江北东部	暖切暴雨
2006 年 9 月 4 日	江北	其他（对流暴雨）
2007 年 3 月 3 日	淮北西部、大别山区	暖切暴雨
2007 年 3 月 14 日	江南南部	暖切暴雨
2007 年 4 月 21—22 日	沿江江南	暖切暴雨
2007 年 5 月 23 日	大别山区、沿江	低槽暴雨
2007 年 5 月 30 日	沿江江南	低槽暴雨
2007 年 6 月 13 日	江南南部	梅雨锋暴雨
2007 年 6 月 22 日	沿淮淮北、大别山区	梅雨锋暴雨
2007 年 6 月 28 日	沿江西部	梅雨锋暴雨

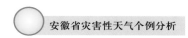

续表

日期	暴雨落区	暴雨类型
2007 年 6 月 30 日—7 月 9 日	全省	梅雨锋暴雨
2007 年 7 月 14 日	淮北中北部、大别山区	梅雨锋暴雨
2007 年 7 月 19 日	淮北	梅雨锋暴雨
2007 年 7 月 22 日	沿淮地区	梅雨锋暴雨
2007 年 8 月 7 日	淮北	暖切暴雨
2007 年 8 月 10 日	淮北	台风远距离暴雨（200707"帕布"）
2007 年 8 月 15 日	沿江江北东部	低压倒槽
2007 年 8 月 21—22 日	沿淮淮北东部	台风倒槽（200709"圣帕"）
2007 年 8 月 27 日	沿淮淮河以南	低涡（200713"韦帕"）
2007 年 8 月 30 日	沿淮淮北中西部	低涡暴雨
2007 年 9 月 3 日	江南东部	低涡暴雨
2007 年 9 月 19 日	本省中东部	台风主体（200713"韦帕"）
2007 年 10 月 7 日	江南	台风外围（200716"罗莎"）
2008 年 4 月 8 日	沿淮东部	低涡、暖切暴雨
2008 年 4 月 19 日	沿淮淮北	低槽暴雨
2008 年 5 月 3 日	大别山区南部、沿淮西部	低槽暴雨
2008 年 5 月 23 日	江南部分地区	低涡暴雨
2008 年 5 月 27 日	淮北、合肥以南	低槽暴雨
2008 年 6 月 9—10 日	江南南部	低涡暴雨
2008 年 6 月 13 日	江南南部	低涡暴雨
2008 年 6 月 17 日	沿江江南	低槽暴雨
2008 年 6 月 20—21 日	江淮之间	梅雨锋暴雨
2008 年 7 月 1 日	淮北西部	低槽暴雨
2008 年 7 月 17 日	沿淮西部	低槽暴雨
2008 年 7 月 22—23 日	淮北、江淮北部	低槽暴雨
2008 年 7 月 31 日—8 月 1 日	沿江江南、江淮之间东部	台风"凤凰"暴雨（台风主体），后冷空气结合
2008 年 8 月 14 日	江淮之间南部和江南分散三个站	低槽暴雨
2008 年 8 月 15 日	江北西部	低涡暴雨
2008 年 8 月 20 日	淮北三个站	切变
2008 年 8 月 22 日	江南南部三个站	低槽暴雨
2008 年 8 月 28—29 日	大别山区、江南东部	暖切暴雨
2008 年 9 月 4 日	江南东部	低涡暴雨
2008 年 11 月 6 日	沿江江南	低涡暴雨
2009 年 2 月 24 日	江南南部	低槽暴雨
2009 年 2 月 26 日	江南	低涡暴雨
2009 年 4 月 19 日	江南南部	低槽暴雨
2009 年 4 月 23 日	大别山区南部	低槽暴雨
2009 年 5 月 15 日	淮北北部	低槽暴雨
2009 年 5 月 25 日	江南	低涡暴雨
2009 年 6 月 8 日	沿江西部	低槽暴雨

续表

日期	暴雨落区	暴雨类型
2009 年 6 月 19 日	淮北,江南一个站	低槽暴雨
2009 年 6 月 26 日	江南东部	暖切暴雨
2009 年 6 月 28—30 日	沿淮淮河以南	梅雨锋暴雨
2009 年 7 月 6 日	江北分散	暖切暴雨
2009 年 7 月 9 日	沿淮东部	低槽暴雨
2009 年 7 月 21—24 日	淮北南部和淮河以南	低涡暴雨
2009 年 7 月 27 日	江淮之间南部和江南	低涡暴雨
2009 年 7 月 29—30 日	沿江	低涡暴雨
2009 年 8 月 7 日	淮北北部	低槽＋台风远距离暴雨
2009 年 8 月 10 日	江南中东部	台风"莫拉克"暴雨(台风主体)
2009 年 8 月 13 日	江南三个站	暖切暴雨
2009 年 8 月 28—29 日	本省中西部部分地区	低涡暴雨
2009 年 9 月 24 日	淮北中东部	低涡暴雨
2009 年 11 月 9 日	淮河以南	低涡暴雨
2010 年 2 月 10 日	江淮之间分散三个站、沿江	暖切暴雨
2010 年 3 月 5 日	江南南部	低涡暴雨
2010 年 3 月 14 日	江南西南部	低槽暴雨
2010 年 3 月 31 日	大别山区、沿江	低涡暴雨
2010 年 4 月 11 日	沿江江南中北部	低涡暴雨
2010 年 4 月 18 日	江淮北部	低涡暴雨
2010 年 4 月 21 日	沿江北部	低涡暴雨
2010 年 5 月 16 日	沿江地区	低槽暴雨
2010 年 5 月 21 日	江淮之间东南部	低涡暴雨
2010 年 6 月 8 日	沿江江北	低涡暴雨
2010 年 7 月 2 日	江淮之间分散三个站	低槽暴雨
2010 年 7 月 4—5 日	大别山区、沿江江南	梅雨锋暴雨
2010 年 7 月 8—16 日	主要在淮河以南	梅雨锋暴雨
2010 年 7 月 19—20 日	19 日淮北,20 日淮河以南分散	低槽暴雨
2010 年 8 月 15 日	沿淮到沿江部分地区	低槽暴雨
2010 年 8 月 18 日	江南南部	其他类型(对流性暴雨)
2010 年 8 月 24—25 日	24 日江南东部、25 日淮北	低涡暴雨
2010 年 9 月 2—3 日	沿淮到沿江	台风"狮子山"暴雨(远距离台风暴雨,台风倒槽)
2010 年 9 月 6—7 日	淮北	低涡暴雨
2010 年 9 月 21 日	主要在沿淮中东部	低槽暴雨
2011 年 6 月 4—6 日	沿江江南	暖切暴雨
2011 年 6 月 10—12 日	沿江江南	低涡暴雨
2011 年 6 月 14—15 日	沿江江南	暖切暴雨
2011 年 6 月 17—18 日	江淮之间中部和淮河以南东部	梅雨锋暴雨
2011 年 6 月 18—19 日	沿江江南	梅雨锋暴雨
2011 年 6 月 23—24 日	沿淮东部	切变线暴雨

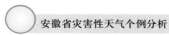

日期	暴雨落区	暴雨类型
2011 年 6 月 25 日	沿江江南	台风外围暴雨（201105"米雷"）
2011 年 7 月 11 日	合肥、沿江中部	其他（低压倒槽）
2011 年 7 月 18—19 日	沿淮淮北和沿江江南	其他（低压倒槽）
2011 年 8 月 10 日	江淮之间	低涡暴雨
2011 年 8 月 21 日	沿淮淮北东部	切变线暴雨
2011 年 8 月 23 日	沿江	切变线暴雨
2011 年 8 月 26 日	沿淮淮北	低槽＋远距离台风（201111"南玛都"）
2012 年 3 月 3 日	江南南部	暖切暴雨
2012 年 3 月 22 日	江南	低涡暴雨
2012 年 4 月 23—24 日	江南南部	低槽暴雨
2012 年 4 月 28 日	江南南部	低涡暴雨
2012 年 5 月 7 日	沿江江南	低涡暴雨
2012 年 5 月 29 日	沿江江南	低涡暴雨
2012 年 6 月 26 日	沿江江南	暖切暴雨
2012 年 7 月 2 日	沿淮淮北	切变线暴雨
2012 年 7 月 4 日	淮北北部	低涡暴雨
2012 年 7 月 7 日	淮北北部	切变线暴雨
2012 年 7 月 14—15 日	江淮之间南部和沿江江南	梅雨锋暴雨
2012 年 8 月 8—10 日	江南和江淮之间大部分	台风（201211"海葵"）暴雨
2012 年 8 月 21 日	沿淮淮北	低槽＋台风远距离暴雨
2012 年 8 月 26 日	淮北西部	台风外围暴雨（201215"布拉万"）
2012 年 9 月 8 日	沿淮到沿江	切变线暴雨
2013 年 4 月 29 日	沿江江南	低涡暴雨
2013 年 5 月 7 日	沿江西部	暖切暴雨
2013 年 5 月 26 日	淮北	低涡暴雨
2013 年 6 月 7—8 日	沿江江南	低涡暴雨
2013 年 6 月 24 日	沿淮和沿江西部	梅雨锋暴雨
2013 年 6 月 27—28 日	沿江江南	梅雨锋暴雨
2013 年 6 月 30 日	江南	其他（对流性暴雨）
2013 年 7 月 5—6 日	江淮之间南部和沿江	梅雨锋暴雨
2013 年 7 月 19 日	淮北	切变线暴雨
2013 年 9 月 23 日	沿淮和江淮之间北部	台风（201319"天兔"）倒槽
2014 年 4 月 11 日	江淮之间中部	低涡暴雨
2014 年 5 月 10 日	沿江	低槽暴雨
2014 年 5 月 13 日	江南南部	低槽暴雨
2014 年 5 月 16 日	江南南部	暖切暴雨
2014 年 5 月 30 日	沿淮和淮北西部	暖切暴雨
2014 年 6 月 20 日	江南南部	梅雨锋暴雨
2014 年 6 月 26 日	沿江江南	梅雨锋暴雨
2014 年 7 月 1—2 日	沿江、江南南部	低涡暴雨

续表

日期	暴雨落区	暴雨类型
2014 年 7 月 4—5 日	江淮之间南部和沿江、江南	低涡暴雨
2014 年 7 月 12 日	沿江	梅雨锋暴雨
2014 年 7 月 14 日	江南南部	低槽暴雨
2014 年 7 月 24 日	江南和江淮之间中东部	台风（201410"麦德姆"）
2014 年 8 月 30 日	沿淮淮北西部	切变线暴雨
2014 年 11 月 23 日	大别山区附近	低槽暴雨

附表 2 安徽省近十年雷雨大风个例

时间	地点	影响系统
2004 年 7 月 6 日	萧县、濉溪、凤台、寿县、天长雷雨大风	槽后
2004 年 7 月 7 日	潜山冰雹、六安、宿松雷雨大风	槽后
2004 年 7 月 8 日	砀山、涡阳、阜阳、颍上、六安、凤台、寿县、蚌埠、凤阳、明光、定远雷雨大风,利辛冰雹	槽后
2004 年 7 月 9 日	阜阳、桐城、舒城、绩溪、无为雷雨大风	槽后
2004 年 7 月 11 日	怀远、滁州、怀宁、安庆、枞阳、铜陵、繁昌雷雨大风	槽前
2005 年 4 月 20 日	利辛、阜阳、阜南、颍上、凤台、砀山、萧县、泗县、蚌埠、凤阳、定远、明光、滁州、怀宁、繁昌雷雨大风	槽后
2005 年 6 月 15 日	砀山、萧县、寿县、濉溪、涡阳、蒙城、固镇、泗县、凤台、定远、五河、肥东、全椒、含山、无为雷雨大风、蚌埠冰雹	冷涡
2005 年 6 月 21 日	萧县、濉溪、泗县、固镇、怀远、定远、滁州、凤台、宿州、蚌埠、寿县雷雨大风,	槽后
2005 年 6 月 26 日	萧县、濉溪、怀远、全椒、和县、安庆、宁国、池州、怀宁雷雨大风	槽前
2005 年 7 月 15 日	萧县、寿县、五河、来安、无为、宁国雷雨大风、五河冰雹	槽前
2005 年 7 月 16 日	涡阳、利辛、阜南、濉溪、凤台、寿县、怀远、五河、六安雷雨大风	槽前
2006 年 6 月 9 日	含山、涡阳、阜阳雷雨大风	槽后冷涡
2006 年 6 月 10 日	安庆、桐城冰雹,旌德、绩溪、黟县雷雨大风	槽后冷涡
2006 年 6 月 27 日	宿州、蒙城、明光雷雨大风	槽后
2006 年 8 月 3 日	亳州冰雹,砀山、涡阳、界首、利辛、萧县、枞阳雷雨大风	槽前
2007 年 4 月 15 日	桐城、九华山冰雹,宁国雷雨大风	槽后
2007 年 7 月 25 日	固镇、滁州、芜湖、南陵、宣城雷雨大风	槽前
2007 年 8 月 2 日	亳州、濉溪、萧县、涡阳、蒙城、利辛、阜阳、颍上、凤台、寿县、怀远、定远、滁州、合肥、含山、芜湖、潜山、太湖、青阳、南陵雷雨大风	槽前
2008 年 4 月 8 日	萧县、芜湖、无为雷雨大风	槽后
2008 年 6 月 3 日	砀山、亳州、宿州、涡阳、蒙城、利辛、五河、定远、滁州雷雨大风	槽后冷涡
2008 年 7 月 6 日	凤阳、定远、全椒、马鞍山、桐城雷雨大风	槽前
2009 年 6 月 4 日	濉溪、萧县、涡阳、利辛、怀远、凤阳、岳西雷雨大风	槽后
2009 年 6 月 5 日	萧县、涡阳、宿州、灵璧、泗县、固镇、五河雷雨大风	槽后冷涡
2009 年 6 月 14 日	安徽全省自北向南33站大风(最大 27 m/s),灵璧、五河、明光冰雹	槽后冷涡
2009 年 8 月 26 日	阜阳、寿县、定远、来安、滁州雷雨大风	槽前
2010 年 6 月 18 日	利辛雷雨大风,涡阳冰雹	槽后
2010 年 7 月 19 日	萧县、濉溪、阜阳、阜南雷雨大风	槽前
2010 年 8 月 15 日	广德、合肥、肥西雷雨大风	槽前

续表

时间	地点	影响系统
2011 年 7 月 25 日	五河、明光、定远、寿县、来安雷雨大风,凤阳冰雹	槽后
2011 年 7 月 26 日	蚌埠、凤阳、巢湖、郎溪雷雨大风,巢湖冰雹	槽后
2011 年 7 月 27 日	潜山、怀宁、马鞍山、芜湖县雷雨大风,芜湖县冰雹	槽前
2012 年 8 月 18 日	马鞍山、繁昌、宣城雷雨大风	副高内部
2013 年 4 月 18 日	枞阳、宿松、望江雷雨大风	槽后
2013 年 5 月 29 日	安庆、枞阳、望江雷雨大风	槽前
2013 年 7 月 4 日	阜阳、霍山、池州、铜陵、宣城雷雨大风	槽前
2013 年 8 月 18 日	阜南、阜阳、桐城雷雨大风	东风波
2013 年 8 月 22 日	岳西、潜山、太湖、宿松、怀宁雷雨大风	台风
2014 年 7 月 12 日	潜山、安庆、枞阳、石台、休宁雷雨大风	槽前
2014 年 7 月 24 日	太湖、桐城、枞阳、固镇雷雨大风	热带低压
2014 年 7 月 30 日	阜阳、涡阳、灵璧、六安、铜陵雷雨大风	槽前

附表3 安徽省近六年典型高架雷暴个例

日期	影响范围	特点
2009 年 2 月 14 日	江淮之间和淮北	
2009 年 2 月 21 日	江南	
2009 年 2 月 2 24—27 日	淮河以南,24 日最强	
2010 年 2 月 8—11 日	淮河以南和江淮之间大部和淮北部分地区	持续时间长,天气类型多。部分地区出现冰雹天气
2010 年 2 月 24 日—3 月 6 日	全省大部分地区	范围广,持续时间长
2010 年 3 月 13—14 日	大别山区和江南东部	
2010 年 3 月 20—23 日	淮河以南部分地区	
2012 年 2 月 14 日	大别山区和江南部分地区	
2012 年 2 月 21—22 日	沿江江南大部分地区	
2012 年 3 月 1—3 日	大别山区和江南	
2012 年 3 月 15—19 日	淮河以北大部分地区	19 日肥东出现直径 5 mm 冰雹
2012 年 12 月 13—14 日	大别山区和沿江江南部分地区	
2013 年 2 月 3—7 日	全省部分地区	
2013 年 3 月 13 日	全省大部分地区	
2014 年 11 月 26—29 日	沿江江南大部分地区	

附表 4　安徽省近十年冰雹个例

日期	地点和冰雹半径	类型
2005 年 2 月 6 日	芜湖 10 mm　屯溪 15 mm	槽前
2005 年 4 月 20 日	泗县 12 mm	槽后
2005 年 4 月 25 日	岳西 3 mm　五河 9 mm　滁州 6 mm	槽后
2005 年 4 月 30 日	黄山 7 mm　黄山 9 mm	槽前
2005 年 6 月 14 日	蚌埠 6 mm	槽后
2005 年 7 月 15 日	怀远 20 mm	槽前
2005 年 7 月 23 日	黄山 5 mm	槽前
2005 年 8 月 17 日	郎溪 8 mm	槽前
2005 年 9 月 15 日	黄山 5 mm	槽前
2006 年 6 月 9 日	桐城 10 mm　安庆 25 mm　九华山 10 mm	槽后
2006 年 6 月 10 日	黄山 9 mm　黄山 5 mm　黟县 4 mm	槽后
2006 年 8 月 3 日	亳州 8 mm	副高内部
2007 年 4 月 15 日	桐城 5 mm　池州 5 mm　池州 20 mm　九华山 9 mm	槽后
2007 年 4 月 17 日	黄山 6 mm	槽前
2007 年 4 月 27 日	萧县 3 mm	槽后
2007 年 5 月 28 日	岳西 8 mm	槽后
2007 年 7 月 23 日	屯溪 5 mm	副高边缘（槽前）
2007 年 7 月 25 日	青阳 6 mm	副高边缘（槽前）
2007 年 7 月 26 日	来安 9 mm	副高边缘（槽前）
2007 年 7 月 29 日	青阳 4 mm　南陵 10 mm	副高内部
2007 年 8 月 2 日	黄山 5 mm　黄山 5 mm　黄山 5 mm	槽前
2008 年 6 月 3 日	五河 10 mm　宿县 4 mm	槽后
2008 年 7 月 27 日	东至 8 mm	副高边缘（槽前）
2009 年 2 月 24 日	芜湖 8 mm　当涂 7 mm　歙县 6 mm	槽前
2009 年 2 月 26 日	铜陵 3 mm	槽前
2009 年 3 月 20 日	寿县 4 mm	槽前
2009 年 3 月 23 日	怀宁 4 mm　怀宁 4 mm	槽前
2009 年 6 月 4 日	岳西 20 mm	槽后
2009 年 6 月 5 日	怀远 10 mm　淮南 8 mm	槽后
2009 年 6 月 14 日	泗县 7 mm　蒙城 4 mm　五河 6 mm　明光 4 mm	槽后
2009 年 7 月 2 日	全椒 6 mm	槽后

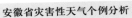

日期	地点和冰雹半径	类型
2009 年 11 月 9 日	屯溪 4 mm	槽前
2010 年 2 月 10 日	寿县 4 mm　巢湖 2 mm　铜陵 4 mm　马鞍山 3 mm　东至 3 mm	槽前
2010 年 2 月 11 日	太平 8 mm　枞阳 4 mm　池州 4 mm　潜山 6 mm	槽前
2010 年 3 月 2 日	南陵 6 mm	槽前
2010 年 4 月 12 日	凤台 5 mm　寿县 6 mm　长丰 5 mm	槽后
2010 年 4 月 13 日	六安 2 mm	槽后
2010 年 5 月 1 日	怀宁 11 mm	槽后
2010 年 6 月 18 日	涡阳 7 mm	槽后
2010 年 8 月 5 日	九华山 8 mm	副高内部
2010 年 8 月 18 日	黄山 9 mm	副高内部
2011 年 4 月 26 日	无为 10 mm　屯溪 8 mm	槽后
2011 年 7 月 25 日	凤阳 12 mm	槽前
2011 年 7 月 26 日	巢湖 10 mm	槽前
2011 年 7 月 27 日	芜湖县 7 mm	槽前
2012 年 3 月 19 日	肥东 5 mm	槽前
2012 年 7 月 4 日	固镇 2 mm	槽前
2013 年 3 月 19 日	黟县 9 mm	槽前
2013 年 3 月 21 日	铜陵 9 mm	槽前
2013 年 8 月 12 日	霍山 9 mm	槽前(副高边缘)
2014 年 4 月 29 日	砀山 9 mm	槽后
2014 年 7 月 17 日	屯溪 5 mm	槽前

附表5 安徽省近十年暴雪个例

时间	灾害	范围	备注
2005 年 2 月 9 日	大到暴雪	合肥以北积雪深度 3～10 cm,最深蒙城、涡阳、宿州和灵璧均为 10 cm	
2005 年 2 月 5—9 日	冻雨	沿淮淮北中西部	
2005 年 3 月 11—12 日	寒潮、暴雪、大风	沿江江南,部分地区达 10 cm 以上,最深枞阳 19 cm	
2006 年 1 月 19 日	暴雪	沿淮淮北,20 日 08 时中西部普遍超过 10 cm,最深蒙城、阜阳和阜南积雪深度分别达 17 cm	
2006 年 2 月 5 日	大到暴雪	沿江江北,6 日 08 时积雪深度江北东部部分地区超过 10 cm,最深凤阳、明光 12 cm	
2008 年 1 月 10—16 日	暴雪	全省,阜阳地区和大别山区积雪深度最深达 15～17 cm	
2008 年 1 月 18—22 日	暴雪	全省,20 日 08 时积雪最深时:淮北积雪深度为 10～17 cm,大别山区部分地区 25～28 cm	
2008 年 1 月 25—29 日	暴雪、冻雨	1 月 29 日 08 时全省积雪最深时,有 25 个县(市)的积雪深度超过 30 cm,8 个县(市)超过 40 cm,分别是:金寨(54 cm)、霍山(50 cm)、滁州(47 cm)、舒城(45 cm)、合肥(44 cm)、巢湖(44 cm)、和县(41 cm)、马鞍山(41 cm),最大金寨 54 cm。大别山区和江南出现大范围冻雨天气,电线积冰直径普遍在 10 mm 左右,最大黄山光明顶为 61 mm	新中国成立以来罕见暴雪天气
2008 年 2 月 1—2 日	暴雪	沿江江南,沿江江南东部均超过 25 cm,九华山最深为 46 cm	前期积雪未化
2009 年 11 月 15—16 日	暴雪	江淮之间和沿江江南中北部,江淮之间南部、沿江和本省山区有 14 个县(市)过程最大积雪深度超过 20 cm,其中九华山 46 cm、霍山 34 cm、庐江 33 cm、舒城 31 cm、肥东 30 cm、合肥 24 cm	
2010 年 2 月 10—11 日	寒潮、大风、冻雨、大到暴雪	11 日 08 时沿江江北有 54 个县(市)出现 2～9 cm 的积雪,其中明光最深 9 cm,长丰和太和为 8 cm 沿淮淮北和大别山区有 23 个县(市)出现冻雨,电线积冰直径普遍为 6 mm 以上,宿州最大为 13 mm	
2010 年 2 月 13—16 日	大到暴雪	全省 76 个县(市)出现积雪,有 5 个县(市)积雪深度超过 10 cm,最深九华山 17 cm	

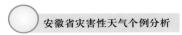

续表

时间	灾害	范围	备注
2010 年 12 月 14—15 日	暴雪	江南,16 日 08 时江南中南部地区雪深普遍超过 10 cm,最大九华山和黄山风景区分别为 28 cm 和 20 cm	
2011 年 1 月 18—20 日	暴雪	沿江江南普遍超过 10 cm,其中江南中部 7 个县(市)超过 20 cm,最大黄山风景区 30 cm	
2012 年 12 月 29—30 日	大到暴雪	淮北中东部和江南,20 个县(市)积雪深度 5 cm 以上,九华山 16 cm、池州 11 cm、黄山风景区 10 cm	
2013 年 1 月 4—5 日	大到暴雪	江南中东部,5 日 08 时九华山 14 cm,黄山风景区 12 cm,旌德 11 cm,太平、黄山市和歙县 10 cm	
2013 年 2 月 7—8 日	大到暴雪	沿江江南,大部分地区积雪深度超过 5 cm,4 个县(市)超过 10 cm,最深太平 14 cm	
2013 年 2 月 17—19 日	暴雪	淮河以南,34 个县(市)积雪深度超过 10 cm,其中有 4 个县(市)积雪深度超过 20 cm:含山 22 cm、马鞍山和六安 21 cm、当涂 20 cm	
2014 年 2 月 5—7 日	大到暴雪	沿淮淮北,10 个县(市)超过 10 cm,分别是砀山 16 cm、淮北市 15 cm、界首 13 cm、太和和亳州市 12 cm、涡阳、临泉和阜南 11 cm、利辛和宿州市 10 cm	
2014 年 2 月 12—13 日	大到暴雪	江南,最大积雪深度 10 cm 以上的有:九华山 31 cm,黄山光明顶 20 cm,南陵 13 cm,绩溪和太平 11 cm,宣城、宁国、歙县和石台 10 cm	
2014 年 2 月 17—18 日	大到暴雪	沿淮淮河以南大部分地区大雪,其中大别山区和沿江江南部分地区暴雪。期间最大积雪深度 10 cm 以上的有:九华山 19 cm,黄山光明顶 16 cm,天柱山和和县 15 cm,霍山和金寨 13 cm,南陵 12 cm,六安 10 cm	
2015 年 1 月 28—29 日	暴雪	江淮之间和沿江东部,最大积雪深度六安 21 cm,舒城和霍山 20 cm,含山和巢湖 19 cm,肥西和马鞍山 18 cm,合肥 16 cm,金寨和无为 15 cm,肥东 13 cm,庐江 11 cm,当涂 10 cm	

附表6 安徽省近十年大雾个例

日期	大雾出现站数	大雾出现的主要区域	大雾类型
2005-01-06*	23	沿淮淮河以南东部	辐射雾
2005-03-23	30	合肥以北	辐射雾
2005-11-05	20	沿淮和江淮东部、沿江和皖南山区	平流雾与锋面雾
2005-11-07	25	合肥以南	辐射雾与平流雾
2005-11-08	35	淮河以南中东部	辐射雾与平流雾
2005-11-21	22	沿江江南	辐射雾
2005-11-22	30	淮北、江淮北部和江南	锋面雾
2006-01-02	31	江北	辐射雾
2006-01-12	22	淮北中部到江淮中部	平流雾
2006-01-15	28	江北	辐射雾与平流雾
2006-01-27	62	全省	辐射雾
2006-01-28	24	淮北、江南	平流雾与辐射雾
2006-01-29	57	全省	辐射雾与平流雾
2006-01-30	34	江南大部地区和江北部分地区	锋面雾与辐射雾
2006-02-12	41	淮北、江淮东部和江南	辐射雾与平流雾
2006-03-07	42	沿江江北	辐射雾与平流雾
2006-03-08	35	江北和江南北部	锋面雾、平流雾与辐射雾
2006-03-10	42	蚌埠、合肥到六安以东地区	平流雾与辐射雾
2006-04-11	37	全省部分	辐射雾与平流雾
2006-10-14	25	淮北、江淮东部和沿江	辐射雾与平流雾
2006-10-15	20	淮北南部和沿江江南	辐射雾
2006-11-02	25	江北东部和江南	辐射雾
2006-11-30	27	沿江江北	锋面雾与辐射雾
2006-12-01	36	沿江江北	辐射雾与平流雾
2006-12-12	22	沿淮到沿江部分地区	辐射雾与平流雾
2006-12-27	32	淮北、江淮东部和沿江江南	锋面雾
2007-01-17	25	淮北南部到沿江	辐射雾与平流雾
2007-01-18	35	江淮东部、江淮南部和江南	辐射雾与平流雾
2007-01-20	41	沿淮到江北中部	辐射雾与平流雾
2007-01-21	22	沿淮淮北	辐射雾与锋面雾
2007-01-24	39	沿淮淮河以南	辐射雾、平流雾

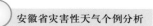

续表

日期	大雾出现站数	大雾出现的主要区域	大雾类型
2007-01-25	23	沿江江南	辐射雾、平流雾
2007-02-10	21	蚌埠、合肥到六安以东地区	锋面雾、辐射雾、平流雾
2007-02-19	23	沿淮淮北和合肥	辐射雾
2007-02-21	25	江北部分和江南大部地区	辐射雾、平流雾
2007-03-02	22	淮北部分地区和淮河以南中东部	平流雾、锋面雾
2007-03-25	55	沿淮淮北、江淮中东部、沿江江南	辐射雾
2007-06-05	30	沿淮淮北和江淮到沿江中东部	平流雾、辐射雾
2007-10-23	23	沿淮淮河以南中东部	辐射雾
2007-10-26	57	全省	辐射雾
2007-10-27	27	江北东部和江南	辐射雾
2007-11-09	30	本省中东部	锋面雾/辐射雾
2007-11-24	24	沿淮淮北和江南南部	辐射雾
2007-11-25	30	淮北到江淮之间中	辐射雾、平流雾
2007-12-03	25	沿淮淮北、江淮东部和江南西部	辐射雾
2007-12-07	30	全省部分地区	辐射雾
2007-12-08	21	合肥以南部分	辐射雾
2007-12-11	28	沿淮淮北、大别山区南部、江南南部	锋面雾、平流雾
2007-12-14	45	全省部分地区	辐射雾
2007-12-18	31	沿淮淮北、淮河以南中东部部分地区	平流雾、辐射雾
2007-12-19	50	江北和江南中北部	平流雾、辐射雾
2007-12-20	35	全省部分地区	平流雾、辐射雾
2007-12-21	26	淮北、淮河以南中东部部分地区	锋面雾、平流雾
2008-01-09	52	全省大部分地区	辐射雾与平流雾
2008-01-10	26	本省中东部	辐射雾与平流雾
2008-01-29	22	沿淮淮北	锋面雾
2008-02-03	21	江淮之间中东部、沿江江南部分地区	辐射雾
2008-02-04	30	江淮南部和江南	辐射雾
2008-02-07	20	合肥以南部分地区和淮北西部部分地区	辐射雾
2008-03-09	29	沿淮淮河以南大部分地区	辐射雾
2008-04-07	50	沿淮淮北和淮河以南中东部	辐射雾
2008-04-17	25	合肥以北和沿江江南西部	辐射雾
2008-10-30	37	合肥以北和江南北部	辐射雾与平流雾
2008-10-31	21	沿淮淮北和江淮之间中西部	辐射雾与平流雾
2008-11-01	35	合肥以北和江南中东部	辐射雾与平流雾
2008-11-04	40	沿淮淮北和合肥以南	辐射雾
2008-11-15	25	沿淮到沿江东部、江南	辐射雾
2008-11-24	35	沿淮淮北和淮河以南中西部部分地区	辐射雾
2008-12-12	31	江北西部部分地区、沿江江南	辐射雾
2008-12-15	23	江淮之间北部、沿江江南	辐射雾与平流雾
2009-01-08	36	江北大部分地区和江南北部部分地区	辐射雾与平流雾

续表

日期	大雾出现站数	大雾出现的主要区域	大雾类型
2009-01-09	26	淮北中部到江南部分地区	辐射雾与平流雾
2009-01-31	44	本省部分地区	辐射雾
2009-02-05	47	合肥以北和合肥以南东部	辐射雾
2009-02-10	22	江淮之间中东部部分地区和沿江江南部分地区	辐射雾与平流雾
2009-04-14	25	淮北中东部、江淮南部和江南	辐射雾
2009-05-24	25	沿淮到沿江东部和江南中东部	辐射雾
2009-10-30	22	淮北东南部和江淮之间东部、大别山区、沿江、江南北部	辐射雾
2009-10-31	26	淮北南部到江南北部	锋面雾与辐射雾
2009-11-26	36	沿淮淮河以南	辐射雾与平流雾
2009-12-01	59	全省大部分地区	辐射雾与平流雾
2009-12-02	57	全省大部分地区	锋面雾与辐射雾
2009-12-03	51	江北大部分地区和江南部分地区	辐射雾与平流雾
2010-01-18	30	淮北南部和沿淮部分地区、合肥以南大部分地区	辐射雾
2010-01-28	37	江淮之间中部到江南部分地区	辐射雾与平流雾
2010-03-31	23	淮北、江淮之间北部和江南北部	辐射雾
2010-10-08	41	淮北西部和淮河以南	辐射雾
2010-10-09	29	淮北中部到江南中部部分地区	辐射雾
2010-10-15	30	淮北南部到沿江和江南东南部	辐射雾与平流雾
2010-10-16	22	江淮之间南部、江淮之间北部和江南	辐射雾与平流雾
2010-10-19	22	淮北中部到江淮中部、江南北部部分地区	锋面雾与辐射雾
2010-11-04	30	江淮之间中东部、沿江江南	辐射雾
2010-11-17	42	淮北中部和淮河以南	辐射雾
2010-11-18	28	淮北中部、江淮之间东北部和合肥以南	辐射雾
2011-01-22	33	淮北中部到江南北部	辐射雾
2011-04-08	26	合肥以南部分地区和淮北中西部	锋面雾
2011-04-14	23	淮北中部到江南中东部	
2011-10-22	32	江淮北部、淮北、合肥以南中东部部分地区	辐射雾和锋面雾
2011-11-17	25	淮北西部、江淮之间中西部、江南北部	平流雾和锋面雾
2011-11-18	43	江北和江南东部	平流雾和锋面雾
2011-11-28	33	淮北东部、沿淮到沿江和江南南部	锋面雾和辐射雾
2011-11-29	28	淮北东部、江淮之间和江南北部	锋面雾
2011-12-29	20	淮北西部、江淮之间中北部和江南东部	辐射雾
2012-01-01	31	本省部分地区	辐射雾
2012-01-09	24	沿淮淮北和江南北部	锋面雾
2012-01-31	20	江北部分地区	辐射雾
2012-03-17	27	淮北、江淮之间中东部和沿江江南西部	锋面雾
2012-03-18	35	沿江江北部	锋面雾
2012-10-28	32	沿淮淮北、江淮南部到江南中北部	辐射雾
2012-10-31	20	淮北中部到江南部分地区	辐射雾
2012-11-17	21	蚌埠、合肥到安庆东南部	辐射雾

续表

日期	大雾出现站数	大雾出现的主要区域	大雾类型
2012-11-27	41	淮北中部和淮河以南	辐射雾
2013-01-14	60	全省大部分地区	辐射雾
2013-01-15	58	全省大部分地区	辐射雾和锋面雾
2013-01-24	25	淮北、江淮之间北北部和江南南部	辐射雾和锋面雾
2013-01-25	42	本省中东部和大别山区部分地区	辐射雾
2013-01-28	58	全省大部分地区	辐射雾
2013-02-13	21	沿淮到江南东部和大别山区	辐射雾和锋面雾
2013-02-23	25	淮北南部到沿江东部和江南	辐射雾
2013-02-27	24	沿淮淮北、江淮之间中西部分地区和江南北部部分地区	辐射雾和锋面雾
2013-09-29	37	淮北中部到沿江和江南东部	辐射雾
2013-12-05	29	沿淮到沿江东部和江南	辐射雾
2013-12-07	65	全省大部分地区	辐射雾
2013-12-08	65	全省大部分地区	辐射雾
2013-12-09	32	全省部分地区	辐射雾和锋面雾
2013-12-20	24	淮北南部和合肥以南	辐射雾
2014-01-14	24	江北西部和江南	辐射雾
2014-01-19	35	全省部分地区	平流雾、辐射雾
2014-01-30	52	全省大部分地区	平流雾、辐射雾
2014-01-31	56	全省大部分地区	平流雾、辐射雾
2014-02-01	22	淮北、江淮之间南部和江南南部	平流雾、锋面雾
2014-02-02	54	江北和江南中北部	辐射雾
2014-03-09	20	淮北南部和淮河以南部分地区	辐射雾、平流雾
2014-03-26	40	合肥以北部和沿江江南	辐射雾、平流雾
2014-03-30	29	淮河以南	辐射雾
2014-10-22	21	江北部分地区和江南东部	辐射雾

* 注:2005-01-06 表示 2005 年 1 月 5 日 08 时—6 日 08 时。

附表7 安徽省近十年高温个例

时间	范围	特点	成因	解除原因
2013 年 6 月 16—19 日、7 月 1—4 日、8—13 日、17—20 日及 7 月 23 日—8 月 18 日，7 月 23 日—8 月 18 日过程最强	全省	高温强度强、极端性突出；持续时间长、范围广；高温日数多 安徽省 80 个测站各站极端最高气温普遍超过 39℃，江淮之间西部和沿江江南有 33 个县（市）达 40℃，沿江江南中东部超过 41℃（8 月 10 日泾县达 42.7℃）；有 21 个县（市）突破历史极值。8 月 10 日和 11 日两天高温强度最强，高温覆盖全省，超过 38℃ 的高温站点数分别为 67、72 站，超过 40℃ 的高温站点数分别为 27、30 站，超过 41℃ 的高温站点数分别为 12、13 站，同时还分别有 3 站、2 站超过 42℃ 7 月 23 日—8 月 18 日在全省 80 个观测站中，每日的高温站点数均超过 45 站，尤其 8 月 5—18 日高温站点数全部超过 70 站，14 天的连续高温中有 11 天高温站点数 78～79 站，即此期间除高山站，持续高温天气覆盖全省，38℃ 以上高温站点数也基本在全省半数站点以上，为 1961 年大范围高温天气持续时间之最	大陆高压 副热带高压 850 hPa 暖脊，7 月 18—23 日 850 hPa 的气温我省大部分地区为 24℃ 以上	8 月 19 日后有热带低值系统北上，受台风外围云系影响，全省高温天气得以缓解
2012 年 6 月 12—14 日	江北	12—14 日江北大部分地区连续三天出现 35℃ 以上的高温天气，其中 13 日高温区扩至全省，淮北普遍超过 38℃，砀山、亳州最高气温达 41℃	850 hPa 暖脊；500 hPa 西北风控制	弱冷空气南下，较强降水发生
2012 年 7 月下旬	全省	旬内最高气温超过 35℃ 的高温日数：淮北北部和大别山区、皖南山区南部 7～9 天，其他地区 10 天。超过 37℃ 的高温日数：淮北中部、沿淮、大别山北部、沿江东部 4—9 日，其他地区 1～4 天，最多霍山 9 天。其中 30 日高温范围最广、温度最高，我省除大别山局部地区外，有 65 个县（市）出现超过 37℃ 的高温天气，其中有 18 个县（市）最高气温达 38℃ 以上，石台、霍山分别为 39.7℃、39.5℃	副热带高压	低槽东移，弱冷空气南下

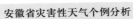
时间	范围	特点	成因	解除原因
2011 年 6 月 7—9 日	江北	全省转受西北气流控制,以晴热天气为主,其中 7 日有 6 个县(市)出现 35℃ 以上的高温天气,8 日高温范围迅速扩大至江北大部分地区,超过 40℃ 的有 11 个县(市),最高淮北、界首市均达到 40.9℃,与历史同期相比有 6 个县(市)打破最高纪录	850 hPa 暖脊;500 hPa 西北气流控制	低槽东移,出现强降水,9 日下午开始全省出现阵雨或雷雨,并伴有雷雨大风天气,其中 9 日皖南山区 14 个县(市)出现暴雨,最大黄山市 211.9 mm;10 日降雨大值区北抬,沿江有 15 个县(市)出现暴雨,最大九华山 145.1 mm
2011 年 7 月 23—30 日	全省	7 月 23—26 日全省大部、27—28 日沿江江南、29 全省大部、30 日合肥以南均出现了 35℃ 以上的高温天气;其中 29 日全省有 70 个县(市)出现 35℃ 以上的高温,江南普遍超过 37℃,最高石台 38.8℃	副热带高压	中纬度不断有低槽东移,副高减弱南退,高温范围缩小
2010 年 7 月 29 日—8 月 5 日	全省	29—30 日江北、31 日全省大部分地区出现 35℃ 以上的高温天气 1 日全省大部分地区最高气温达 35~37℃;2 日淮河以南、3—4 全省、5 日淮河以南普遍出现 37℃ 以上的高温天气,其中 3 日、4 日沿江江南分别有 2、11 个县(市)最高气温超过 39℃,4 日芜湖县最高 41.4℃	大陆高压、副热带高压	弱冷空气南下,我省合肥以南出现一次雷阵雨天气过程,其中 5 日宿松暴雨,当涂、太湖等 5 个县(市)并伴有 8 级以上阵风,最大太湖 26 m/s
2009 年 7 月 18—20 日	全省	17 日全省大部分地区、18—20 日淮河以南均出现 36℃ 以上的高温天气,部分地区超过 38℃,其中 17 日宣城最高 40.5℃;18 日肥西,19 日石台、泾县和黄山区的最高气温均超过 39℃	副热带高压	副热带高压减弱南退,受中高纬冷空气频繁活动影响,21—24 日我省自北向南有一次明显降水过程;21 日沿江江北出现 11 个县(市)暴雨,其中 6 个县(市)大暴雨;22 日沿淮淮北有 17 个县(市)暴雨,其中 8 个县(市)大暴雨;23 日雨带南压至合肥以南,共有 17 个县(市)暴雨,其中 5 个县(市)大暴雨;24 日雨带进一步南压,江南南部出现 5 个县(市)暴雨

续表

时间	范围	特点	成因	解除原因
2007 年 5 月 25—29 日	淮北	最高气温为 35～38℃,旬平均气温为历史同期最高	西北气流控制,大陆高压	30 日后期北方有冷空气南下,受其影响全省有一次明显雷阵雨过程,其中 31 日沿江江南 14 个县(市)暴雨,6 个县(市)大暴雨,最大安庆 163 mm
2007 年 7 月 26—31 日	全省	26—31 日江北出现 3～5 天的 35℃以上高温天气;沿江江南持续 6 天均超过 35℃,其中江南东南部 28 日后普遍超过 38℃	副热带高压	华西低槽东移,副热带高压减弱南退
2006 年 8 月 12—15 日	全省	35℃以上的高温范围自沿江江南逐渐扩展到全省,其中 14 日沿江江南大部分地区最高气温超过 38℃,最高歙县 40.9℃	大陆高压	北方不断有弱冷空气南下,原控制我省的大陆高压减弱西退

参 考 文 献

江杨,何志新,周昆,等,2016.安徽地区山地与平原冻雨天气成因及特征分析[J].气象与环境学报,32(2):
    11-17.

盛杰,毛冬艳,蓝渝,2013.2010—2012年春季我国冷锋后部高架雷暴天气特征[J].天气预报,5(6):64-70.

陶诗言,卫捷,2008.2008年1月我国南方严重冰雪灾害过程分析[J].气候与环境研究,13(4):337-350.

吴和红,严明良,缪启龙,等.2010.沪宁高速公路大雾及气象要素特征分析[J].气象与减灾研究,33(4):
    31-37.

杨静,汪超,彭芳,等,2011.低纬山区一次持续锋面雾特征探讨[J].气象科技,39(4):445-452.

于波,鲍文中,王东勇,2013.安徽天气预报业务基础与实务[M].北京:气象出版社.

周淑贞,1991.上海城区雾的形成和特征[J].应用气象学报,2(2):140-146.